# リンゴの高密植栽培

## イタリア・南チロルの多収技術と実際

小池洋男
［著］

農文協

# まえがき

　世界のリンゴ生産量は7,000万tに近づく勢いで増えつつある。グローバル化による国際競争が激化するなか、新品種や高品質果実の生産に頼った価格追求型経営には限界があるとの認識が一般化して、均質果実を低コストで省力生産できる新しい栽培様式への取り組みが増えている。商品化率の高い果実を平均反収で6t以上収穫することで収益性の向上を目指す高密植栽培がそれである。

　その発信地である北イタリア・南チロルは、高密植栽培によってリンゴ園の収益性を高めた地域として世界中の注目を集める。高密植栽培への取り組みを行ない、小規模農家を切り捨てることなく、価格低迷で危機状態にあった地域のリンゴ産業を立ち直らせた成果が驚きである。

　ヨーロッパアルプス南麓に広がる高密植栽培リンゴ園の景観と生産力の高さは、世界中からの訪問者を魅了し、リンゴ栽培の可能性への夢を沸き立たせてくれる。

　筆者は、リンゴ密植栽培の研究に長年携わり、学会、研究会、視察等を通じて欧米のリンゴ産地を訪れるなかで、イタリア・南チロルでの高密植栽培様式の変遷や世界各国に普及拡大する様子を目のあたりにしてきた。

　早期多収、均質生産、省力低コスト生産を目的に、基礎理論と実践を基に組み立てられ改良が行なわれてきたイタリア・南チロルの高密植栽培様式こそ、グローバル時代を生き残るに最良のリンゴ栽培様式との評価が世界に広がりつつある。

　日本のリンゴ産業は世界最高の高品質果実を生産すると評価されるが、平均反収は南チロルの三分の一ほどにすぎない。グローバル社会でのリンゴ経営の生き残り策を考えると、高価格の追求だけに偏らない安定的な収益性向上策への挑戦が不可欠と考えられる。

　本書では、世界で普及の進むリンゴ高密植栽培の基本技術について、イタリア・南チロルのKurt Werth氏を中心とする指導者、アメリカ・コーネル大学のRobinson博士らや世界の多くの研究者の許諾を得て、技術情報の引用や紹介をするとともに、筆者の研究成果、欧米での技術交流、生産現場での経験等を加えて考察を行なった。

　リンゴ栽培の生産者はもとより、技術確立研究に携わる方々、生産現場での指導に係わる方々に活用され、今後の生産振興に少しでもお役に立てることがあれば幸いである。

2017年1月

小池洋男

# 目次

まえがき 1

# I 高密植栽培とは何か

## 1章　リンゴの栽培様式と整枝せん定 ……… 10

### 1 'もっとも進化した'密植栽培 ……… 10
### 2 大樹疎植から半密植、密植、高密植栽培へ ……… 11
### 3 欧米、世界の整枝法と密植栽培の変遷 ……… 12
　世界を席巻したスレンダースピンドル　12
　主幹を切り返さずに直立に維持するバーティカルアクシス　13
　側枝を下垂誘引するトールスピンドル　13
　アメリカの密植整枝法──ハイテク、V-スピンドルなど　14
　薄壁状整枝、バイアクシス整枝　14
### 4 日本のわい化栽培 ……… 16
　独特の様式でスタート──中間台木方式での普及　16
　中間台木方式による樹勢抑制の限界　16
　ウイルス＆根頭がんしゅフリー化の壁　17
　M9台木の新系統の選抜、育成、普及　17
### 5 日本でも始まった新しい高密植栽培 ……… 18
　スレンダースピンドル整枝からの発展　18
　新わい化と高密植栽培──側枝を水平誘引か下垂誘引か　19

## 2章　世界に広がる高密植栽培 ……… 21

### 1 イタリア・南チロルの生産現況 ……… 21
　リンゴとワイン用ブドウ、アグリツーリズムによる小農経営　21
　リンゴ平均反収は6t超　22
　全員参加の協同組合が貯蔵販売　22
　技術指導は民間負担も　22
### 2 南チロルはなぜ密植から高密植栽培に ……… 23
　M9台木の導入とフェザー発生苗木の大量生産　23
　高密植へのさまざまな挑戦──植付け方式、樹形など　24
　樹高を高く樹幅を狭めて高密植──トールスピンドル整枝の採用　25
### 3 カギを握る苗木の生産と流通体制 ……… 26
　果樹苗木の認証制度　26

オランダの苗木認証制度　26
イタリアの苗木認証制度　27
高密植栽培を支えるフェザー発生苗木　27
1年生のフェザー発生苗木も使用　29

### 4 世界で注目、普及拡大中の栽培法　29
コラム●注目されるアメリカでの普及拡大　29

## 3章　従来の密植栽培との違いは　31

### 1 外見上の違い　31
樹高と栽植密度　31
整枝せん定法と樹形　32

### 2 高密植だと、なぜ収量性があがるのか　33
光線利用と物質生産　33
園地光線利用率は密植が有利──リンゴを群落として栽培する　34
栽植密度と園地光線利用率──樹高と列間隔の比は0.9〜1.0がベスト　35
樹冠内部に入るほど相対日射量は低下　36
果実生産効率の悪い大型樹　37

### 3 省力・均質生産が可能に　38
日本と比べて半分以下の作業時間　38
広い列幅＋低樹高樹は高所の作業性が低下　38
樹幅が狭いのでアプローチが容易　39
地上から70％までと、それから上とを分けて収穫　39
雇用労力も入れやすい　40

# Ⅱ　高密植栽培の実際管理

## 4章　圃場の準備と台木特性　42

### 1 園地の選定と準備　42
排水の良否を確認する　42
排水性とともに通気性も確保　42
幼木・若木の生育促進に大事なかん水　43

### 2 高密植栽培に必須の支柱・トレリス　43
支柱・トレリスに固定することで生育は促進　43
トレリスの素材、長さ、高さ、ワイヤー　43
トレリスにかかる荷重と強度　44
強度を高めるトレリスの構造、設置法　45
力学的にもっとも強いトレリスの構造　46
既存園のトレリスの改造利用　46

### 3 栽植密度の決定 ················································· 46
　'広く植えることが失敗の基'　46
　基準は3m×0.8～1.0m、品種によってはより密植も　47
　土壌肥沃度や穂品種の違いで密度を調整　47
　密植効果による生育の抑制──根の伸長抑制、樹冠の競合　48
　樹冠下清耕、通路草生管理による生長抑制　49

### 4 トールスピンドル密植栽培で用いる台木 ················································· 51
　リンゴわい性台木の種類と特性　51
　さまざまなM9台木の系統　52
　M9T337とM9ナガノVF157　52
　新しいわい性台木のトールスピンドル高密植栽培への適性　52

## 5章 台木(M9)繁殖の実際 ················································· 54

### 1 樹木の生育相と発根性 ················································· 54
　過渡期、老熟期の生育相の系統から育成したM9T337、M9ナガノ　54
　黄化処理による発根促進　55

### 2 台木繁殖は取り木で行なう ················································· 55
　取り木と横伏せ取り木　55
　横伏せ取り木法の基本技術　56

### 3 母株の各種育成法 ················································· 57
　取り木用母株(M9)の育成法　57
　接ぎ木による母株の育成　57
　実生台木の育成とM9の接ぎ木による母株育成　57

### 4 取り木床への母株の定植(横伏せ取り木法) ················································· 58
　圃場の条件　58
　母株の植え付けタイミングは発芽前　58
　うね間と株間、植え付けの深さ　58
　母株は長さを揃える　59
　母株の養成年数と盛り土　59

### 5 発根促進処理・黄化(エチオレーション)の実際 ················································· 59
　ただ土をかけるだけではだめ　59
　盛り土の回数、時期、盛り土資材ほか　60

### 6 取り木床の管理 ················································· 61
　雑草防除──盛り土直後に土壌処理型除草剤を処理　61
　かん水──葉のカール症状が見られてからでよい　61
　施肥──チッソは春先に、夏～初秋は生育を見ながら　61
　病害虫防除──白絹病とギンモンハモグリガに注意　61

### 7 発根台木の切り取り ················································· 62
　採集適期と方法　62
　発根した新梢は発生部付近で切り取る　62
　取り木母株・床の生産力──年次別収穫台木　62
　発根台木の選別──太さ別基準と選別利用の区分　62

　　　　台木の保存方法と注意点　64
　8 根頭がんしゅ病対策　64
　　　　マルバカイドウの挿し木台木への接ぎ木が危険　64
　　　　根頭がんしゅ病類似症状　65
　9 発根台木収穫後の母株の管理　65
　　　　越冬、野ネズミ対策　65
　　　　早春の管理（覆土の除去法、母株の被爆と発芽促進処理）　65
　10 取り木床の寿命　66

# 6章　高密植栽培の苗木生産　67

　1 穂品種の接ぎ方——接ぎ木繁殖の基礎　67
　　　　接ぎ木の基本と接ぎ木法　67
　　　　欧米では芽接ぎ法が主流　67
　　　　休眠期に行なう揚げ接ぎ法　69
　　　　揚げ接ぎした苗木の貯蔵　70
　2 高密植栽培に必要な苗木　70
　　　　自根のわい性台木でフェザーの発生が必須　70
　　　　フェザー発生苗木の種類と品質　71
　　　　カットツリーの由来　71
　　　　各国のカットツリーの品質基準　72
　　　　列ごと苗の幹径を揃えて定植　72
　3 フェザー発生のメカニズムと促進処理　73
　　　　頂芽優勢打破によるフェザーの発生　73
　　　　ビーエー剤を5～7日間隔で4～5回散布　73
　　　　土壌水分、気温とビーエー剤の効果　74
　4 9カ月育成フェザー発生苗木と1年生フェザー発生苗木の育成法　75
　　　　盛りうね、マルチ、栽植距離　75
　　　　台芽・接ぎ穂の管理　76
　　　　ビーエー液剤の散布　76
　　　　ポリマルチ（白黒マルチ）の利用で生育を揃える　76
　　　　元肥と追肥を半量ずつ、チッソの遅効きを防ぐ　77
　　　　雑草対策、病害虫防除　77
　5 1年生フェザー発生苗木の育成法　77
　　　　台芽・接ぎ穂の管理　77
　　　　新梢下部から発生のフェザーの処理　78
　6 2年生カットツリー（knip tree）の育成法　78
　　　　苗木は栽植距離と深植えにならないよう注意　78
　　　　支柱と横揺れ防止　78
　　　　1年生棒状苗木の切り返し位置　78
　　　　新芽と台芽の摘み取り管理　78
　　　　発芽不良や新梢枯死（凍害と予想）の原因と忌避策　80
　　　　主幹カット部位から発生する新梢の整理　81

ビーエー液剤の散布(時期、回数)　82
　**7** ノンカット方式による２年生側枝発生苗木の育成法 ……………………………………… 82
　　　ポリ袋を使った側枝発生法　82
　　　目傷とビーエー液剤処理によるフェザー発生法　82
　　　**コラム●自家増殖での注意点(種苗法の遵守)**　83

# 7章　苗木の掘り上げ、定植管理 ……………………………………… 84
　**1** 落葉処理で苗木の品質確保 ……………………………………………………………… 84
　　　苗木は自然落葉させ、寒気に当ててから掘り上げる　84
　　　人為的に早期摘葉した苗木は軟弱　84
　　　キレート銅剤散布による落葉処理　85
　　　尿素の秋季葉面散布で貯蔵チッソ確保(濃度と時期)　85
　**2** 苗木の掘り上げと越冬、貯蔵 ……………………………………………………………… 85
　　　掘り上げはできれば秋のうちに　85
　　　掘り上げた苗木の越冬管理　86
　　　貯蔵庫で管理する場合の注意点　86
　　　冷蔵温度は５℃以上にしない　86
　　　契約内容が明確な欧米の苗木販売　87
　**3** 苗木の定植 ……………………………………………………………………………… 87
　　　発芽前が基本　87
　　　定植前に１日ほど給水　87
　　　植え穴掘りに重機は使わない　87
　　　深植えは避け、地上部台木長20㎝を確保　88
　　　盛りうね方式で根域の通気性確保　88
　**4** 定植後１～３年目の管理──土壌管理、主幹の固定、側枝誘引 ………………… 90
　　　樹冠下の雑草防除とかん水管理が決めて　90
　　　主幹を固定し、新根と新葉の発生を促す　90
　　　フェザーと側枝の間引き──1/2(ハーフ)理論　91
　　　フェザーの誘引──水平でなく下垂させる　91
　　　なぜ下垂誘引が重要か　91
　**5** 下垂誘引の実際 ………………………………………………………………………… 93
　　　時期は発芽前に　93
　　　下垂誘引するフェザー、放置するフェザー　93
　　　きっちり先端を引き下げる　93
　　　長いフェザーが少ない苗木では　94
　　　新梢の下垂誘引は定植後３年間が重要　94

# 8章　高密植栽培の着果管理──定植翌年から収穫する ……… 95
　**1** 果実の結実による樹勢制御 ………………………………………………………… 95
　　　栄養生長と果実生産のバランス　95
　　　定植翌年から少しでもならせる　96

　　　　着果量を増やし、光合成産物の分配率を高める　96
　② **適正な着果基準は**　　　　　　　　　　　　　　　　　96
　　　　隔年結果、樹勢衰弱を生じない着果基準　96
　　　　隔年結果の要因と対策──種子の数を早期に減らす　96
　　　　着果負担の早期軽減には摘花剤が有利　97
　　　　隔年結果性品種の摘花・摘果を早めに　98
　③ **高密植栽培園の着果基準**　　　　　　　　　　　　　　99
　　　　求められる果実サイズを前提に　99
　　　　着果基準は幹断面積当たり果実数・重量で示すといい　100
　　　　イタリア・南チロルの着果基準（年次別の着果数と収量）　100
　　　　アメリカ・ニューヨーク州の着果基準（年次別の着果数と収量）　100
　　　　では日本では……　101
　　　　ふじ、シナノスイートの品種、年次別の着果数と収量　102
　④ **トールスピンドル高密植栽培園の果実品質**　　　　　103

# 9章　目指す樹形と整枝せん定技術　　　　　　　　　　105

　① **特徴は側枝を下垂誘引**　　　　　　　　　　　　　　105
　② **スタートは理想のフェザー発生苗木から**　　　　　106
　　　　30〜40cmのフェザーが3〜7本、短いフェザーが多数発生した苗木が理想　106
　　　　全長は1.5〜1.8mが望ましい　106
　③ **トールスピンドル樹形の構成要素と管理**　　　　106
　　　　1本の垂直な主幹と下垂させた側枝で円錐形樹形を育て維持する　106
　　　　地表から80cmまでのフェザーは切り取る　107
　　　　フェザーの下垂誘引──定植して根が十分張る前（当年中）に実施　109
　　　　30cm以下の短いフェザーは誘引不要　109
　　　　定植後2〜3年目の誘引の実際　109
　　　　太い側枝は基部から間引く　110
　　　　樹高（結実部位）3mほどの樹をつくる　111
　　　　主幹頂部の切り返し・切り下げは慎重に　112
　　　　頂部付近の太い側枝は花芽着生前に基部で間引く　113
　　　　成木では太めの側枝を毎年2本程度間引く　113
　　　　下垂側枝の切り詰めは花芽着生後に　114
　　　　主幹延長枝の長さから樹勢を判断　115
　④ **夏・秋季せん定は必要に応じて行なう**　　　　　116
　　　　樹冠内への光線透過を改善・着色管理も　116
　　　　夏・秋季せん定は9月下旬〜10月初旬　116
　⑤ **強樹勢対策のための断根処理**　　　　　　　　　　117

# 10章　高密植栽培園の施肥法　　　　　　　　　　　119

　① **チッソ施肥の考え方**　　　　　　　　　　　　　　　119
　　　　チッソ供給源は三つ　119

　　　　生育ステージとチッソの吸収量　119
**2 具体的な施肥法** ･･････････････････････････････････････････････････････ 120
　　　　幼木、若木、成木の葉中チッソレベル　120
　　　　定植直後は無施肥、かん水と除草に注力　121
　　　　若木〜成木のチッソ施肥は　121
**3 チッソ施肥量の決定** ･････････････････････････････････････････････････ 121
　　　　樹体内チッソ含量から推定した必要施肥量は…　122
　　　　秋肥と春肥に分ける必要性　122
　　　　欧米では葉分析に基づく施肥が基準　123
**4 高密植栽培の施肥の実例** ････････････････････････････････････････････ 124
　　　　イタリア・南チロルの例　124
　　　　韓国の例　124
　　　　長野県の例と課題──'ふじ'の秋肥に注意　124

# 11章　凍害ほか障害対策 ･････････････････････････････････････････････ 126

**1 若木で発生しやすい凍害** ････････････････････････････････････････････ 126
　　　　樹木の休眠と耐凍性の獲得と消失　126
　　　　幹に白ペンキ塗布、稲ワラ巻付けなど　126
**2 幹部や根部の病虫害と野ネズミ被害** ･････････････････････････････････ 128
　　　　病害虫による幹部や根部の被害　128
　　　　野ネズミ被害──対策を怠ると被害は甚大　129
　　　　野ネズミ対策──園地環境整備、忌避剤利用　129
**3 果実の日焼け発生の要因と回避** ･････････････････････････････････････ 130
　　　　着色管理と日焼けの発生　130
　　　　葉摘み時期、量は慎重に　131
**4 雪害の回避** ････････････････････････････････････････････････････････ 131

参考文献 ･････････････････････････････････････････････････････････････････ 133

（イタリア南チロルの高密植栽培多収園の風景）

# I
## 高密植栽培とは何か

# 1章
# リンゴの栽培様式と整枝せん定

## 1 'もっとも進化した'密植栽培

　1900年代初期以前、欧米では実生台木を用いた大型樹のリンゴ園が多かった。フランス北部やイギリスを旅すると、大樹の日陰で家畜が休むリンゴ園の風景を今も目にすることがある。実生台木を用いたリンゴ樹は樹勢が強く、結実までに多年を要する。また、管理作業が大変で、危険も多いことなどが特徴である。

　その後、リンゴの効率生産を目指した研究が進むなか、リンゴ樹は樹冠が大きく幅が広がるほど、その中の光環境は悪化し、相対日射量が30％以下になると花芽が形成されないことが明らかにされた（Heinicke, 1963. 図1-1）。

　また、大型樹は光合成産物の果実への分配率が低い。反対に、小型樹は果実への分配率が高く、果実生産効率が優れることも明らかにされた（Forshey and Mckee, 1970. 図1-2）。

　そうした研究成果を背景に、欧米のリンゴ産地では、小型樹を用いた密植栽培様式への取り組みが過去60年以上にわたって取り組まれてきた。半わい性台木やわい性台木など栄養繁殖が可能な台木を用いて樹体を小型化

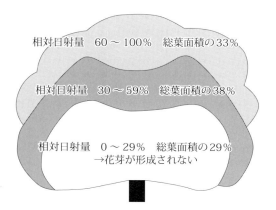

図1-1　大型リンゴ樹の樹冠内光線透過率
（Heinicke, 1963）

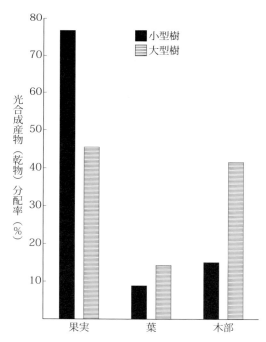

図1-2　小型樹のほうが果実の生産効率はいい
（Forshey and Mckee, 1970）
大型樹は木部や葉に光合成産物が分配されるのに対し、小型樹は果実により多く分配され、生産効率がよい

し、密植栽培する方法への取り組みである。

密植栽培では、並木植えを中心とした栽植様式、栽植密度、樹形と整枝せん定法が工夫されてきた。そのなかで近年、世界中のリンゴ産地から注目を集めているのが、イタリア・南チロルのリンゴ高密植栽培である。この様式は、わい性台木を用いた密植栽培方法としてはもっとも進化した栽培様式といわれている。

以下、この様式にいたるまでの密植栽培の歴史を簡単に振り返ってみよう。

## 2 大樹疎植から半密植、密植、高密植栽培へ

1930年代、オランダとイギリスで世界に先駆けた密植栽培の取り組みが始まった（Wertheim, 2000）。樹高6〜8mの大型リンゴ樹の7〜10本/10a植え疎植栽培（図1-3a）から、樹高4〜5mで、やや小型化したリンゴ樹の25〜35本/10a植え栽培方式への変化である。

1950〜1960年代には、半わい性台木（MM106やM7）を用いて、より小型化させたリンゴ樹の30〜50本/10a植え栽培様式が発展した（図1-3b）。半わい性台木を用いた栽培では、結実時期が早まり、生産力も向上して管理作業が容易になった。

1970年代初期には、オランダで、M9台木を用いた100〜200本/10a植え密植栽培への取り組みが始まった（Wertheimら、1986. Wertheim, 2000）。それ以来、世界のリンゴ生産国では、種々の工夫を加えながら多様な方式による密植栽培への取り組みが行なわれてきた（図1-3c）。

2000年代初期になると、半わい性台木を用いた半密植栽培（100本以下/10a植え）が衰退し、M9台木を用いた密植栽培（列間4mと樹間1.5〜2mで植え）の普及が加速した

↑実生台木利用の大樹疎植栽培
→わい性台木利用のスレンダースピンドル整枝密植栽培（写真は1977年）
←半わい性台木利用の半密植栽培（パルメット整枝樹）
↓わい性台木利用のトールスピンドル高密植栽培（Cの後、さらにバーティカルアクシス整枝の普及後に、写真は2009年）

**図1-3　ヨーロッパにおける栽培様式の変遷**（写真b：Walter Guerra）

（図1-3c,d）。この密植栽培の普及には、わい化効果と早期結実性の優れるM9台木の系統選抜、ウイルスフリー化と、フェザー（羽毛状枝）が多発した苗木の育成技術の確立などが大きく寄与している（Wertheim, 1998）。

このほか、列間や株間を30〜50cmで植えるベッド様式（Palmer and Jackson, 1977）や、1m間隔ほどの列を2〜3列並べる方式の多列栽培（Wertheimら, 1986）といった密植栽培様式も研究された。ベッド様式では定植後3年目に7.8t/10aほどの多収が得られたものの、多列植えのため作業空間の確保ができず、光線不足による品質低下なども問題となって取り組みが衰退した。

こうした過去の多様な研究や生産者による取り組みを経て、単列並木植え方式による密植様式が世界のリンゴ栽培の中心として発展してきた。併せて、小型のわい性台木樹を密植して園地全体の光線利用率を早くから高め、樹冠内の光環境を好適に維持することで高品質果実の生産が可能になることが明らかにされてきた（Palmer and Jackson, 1977）。

## 3 欧米、世界の整枝法と密植栽培の変遷

中世ヨーロッパの庭園では、果樹の人工的整枝法が工夫された。その伝統的整枝法のモデルは、現在もフランスのベルサイユ宮殿Potager du Roi（王の菜園）やイギリスのイーストモーリング試験場・ハットン記念庭園（Hatton Garden）で見ることができる。

伝統的な人工的整枝の技法は庭園果樹にとどまらずリンゴの経済栽培でも応用され、エスパリエー、コルドン、パルメット、ピラーなどの整枝法が普及した経過がある（図1-4）。

### 世界を席巻したスレンダースピンドル

1960年代にオランダでスレンダースピンドルブッシュ整枝法が考案されて本格的に密植栽培の取り組みが始まった。スピンドルブッシュ（紡錘形）整枝には、樹冠の底部に太い骨格枝を3本ほど育てて樹高を抑えるフリースピンドル整枝（図1-5右）、卵形の樹形を目指すオーバルスピンドル整枝、細型の円錐形を目指すスレンダースピンドル整枝などがある（図1-5左）。

M9台木を用いた密植栽培（4m×1.5〜2m）は、側枝を水平誘引して、主幹延長枝の切り替えで主幹部をジグザグ状に育てることで樹高を抑えるスレンダースピンドルブッシュ整枝法によって世界規模で普及した（図1-6）。その後、この整枝を基本として多様な整枝法

**図1-4　リンゴわい性台木樹の人工的整枝法**
左：イギリス・イーストモーリング試験場・ハットン記念庭園
右：フランス式庭園での利用（フランス・ロワール地方）

と栽培様式が考案されてきた。例えばドイツでは、オランダと同様にスレンダースピンドルブッシュ整枝が普及したが、ボーデンセン地区では太い側枝を育てずに細型の円錐形樹を育てるスーパースピンドル整枝法による超密植栽培が普及したこともある（Webster, 1993）。

## 主幹を切り返さずに直立に維持するバーティカルアクシス

フランスでは、中世の庭園で用いられた人工形整枝をもとにマーチャント（マーシャ）整枝（半わい性台木、わい性台木の利用）やM9台木を用いたバーティカルアクシス整枝法などが考案された。

バーティカルアクシスは国立農業研究所（INRA）ボルドーのレスピナッセ（Lespinasse, 1980. 図1-7）が、スレンダースピンドルブッシュをアレンジして考案した整枝法で、主幹を切り返さずに直立に維持するのが特徴である。スレンダースピンドル整枝法より樹高を高めることで多収が得られ、世界的な普及を見せた。日本で'細型紡垂形'の名称で普及した整枝法と、基本的な理論は同じと考えてよい。

その他、水平に維持した側枝の中間で先端部を下垂させるソラックス（SolAxe）整枝（図1-7）や、側枝のみならず、主幹部を一定の高さで曲げて垂らすソレン、テザなどの整枝法が考案されている（Lespinasse, 1996）。

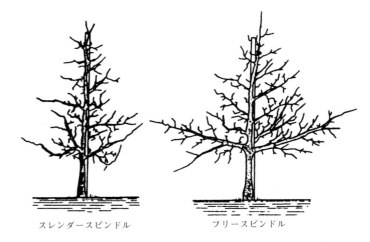

図1-5　スピンドルブッシュ（紡錘形）リンゴ樹の2タイプ
スレンダースピンドルは主幹をジグザグにして、フリースピンドルは太い骨格枝を3本育成して、それぞれ低樹高化を図る

図1-6　スレンダースピンドルブッシュ整枝の考案者Wertheim博士（左）
オランダ・ウィルヘルミナドルフ果樹研究所にて、1997年

## 側枝を下垂誘引するトールスピンドル

十数年前から欧米で普及し注目を集めているのが樹幅を狭めて樹高を高めた整枝法で、ロビンソン（2011）によってトールスピンドルブッシュと命名された。

元々はイタリア・南チロルで考案され、スレンダースピンドルやバーティカルアクシスと異なり、定植直後から側枝を下垂させるこ

バーティカルアクシス整枝　　ソラックス整枝　　トールスピンドル整枝
　　　　　　　　　　　　　　　　　　　　　　　　　　　（対比）

**図1-7　Lespinasse博士が無せん定樹の特性を調査して考案したバーティカルアクシス整枝、ソラックス整枝**
バーティカルアクシスは主幹を切り返さず直立に維持、ソラックス整枝は水平誘引した側枝を中間部で下垂させ、樹幅は広い。右はトールスピンドル整枝樹で、側枝の誘引方法の違いに注意
（写真はLespinasse博士、フランス・ボルドーINRA研究所にて）

と、年数を経て太くなり過ぎた側枝は基部から間引いて細い側枝に更新して、骨格枝を育てないのが特徴である（図1-7右、Robinson, 2011）。

### アメリカの密植整枝法
　　──ハイテク、V-スピンドルなど

　アメリカでは、国際わい性果樹協会（IDFTA、現在はIFTAと改名）を設立してわい性台木や密植栽培法の研究と普及を推奨したミシガン大学のカールソンらをはじめとして、各州の大学・研究所で台木の育種や密植栽培の技術確立に向けた研究が取り組まれてきた。

　西海岸のリンゴ産地では、半わい性台木のM7やMM106を用いた大型樹主幹形整枝（ハイニッケイ整枝と呼ばれる）による半密植栽培が普及した。1990年代にはM9を中心としたわい性台木を用いたスレンダースピンドルブッシュ整枝による密植栽培の取り組みが始まった。そして1990年代の後半にワシントン大学のバリット（2000）が考案したハイテク整枝（バーティカルアクシスとスレンダースピンドルをミックスさせた樹形で、主幹を大きく湾曲させて樹高を下げる、図1-8下左）が推奨された。しかしハイテク整枝樹は、側枝が強大化することなどの理由で普及は停滞した。そのほかスーパースピンドル、V-スピンドル（図1-8下右）など多様な整枝法を駆使した密植・高密植栽培が検討された。

　このような取り組みを経て、最近のアメリカではトールスピンドルブッシュ整枝高密植栽培が急速に拡大している。推進の先導役はコーネル大学のロビンソン（2011）で、前述の通りトールスピンドルブッシュ整枝の命名親でもある。イタリア・南チロルの様式にコーネル大学での研究成果も組み合わせながら、トールスピンドル高密植栽培の普及に務めている。

### 薄壁状整枝、バイアクシス整枝

　そのほかでは、直立の薄壁状整枝としてパルメット（世界各地）や、側枝を切り詰めて薄壁状の低樹高並木植えとするペンステートロートレリス（アメリカ）、水平樹冠の整枝法としてリンカーンカナピー（ニュージーランド）やエブロエスパリエ（ニュージーランド）、そして斜立の薄壁状整枝としてタチュラトレリス（オーストラリア）やY・Vトレリス（世界諸国）なども検討されたが、これらは背面

M7台木樹'レッドデリシャス'の
半密植栽培(左、上)

M9台木利用のハイテク整枝密植栽培(左)とV-スピンドル整枝栽培

**図1-8　アメリカでの密植栽培の変遷**
近年は、トールスピンドル整枝樹による高密植栽培の普及が拡大中

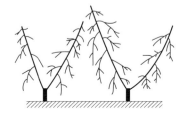

**図1-9　バイアクシス（BY-AXIS）整枝による密植栽培（イタリア・南チロル、2015）**
列間3m、株間1.3m、2本主枝斜立方式。M9台木樹の'ふじ'。2本の主軸(主幹)の太さが揃いにくいこと（右下）、苗木数の大幅削減ができないことが課題。ドイツ語でBibaun(ビーボーン、2本の木の意味)整枝とも呼ばれる

1章　リンゴの栽培様式と整枝せん定

に多発する徒長枝が光線透過を阻害する欠点があり、日差しの強い地域での利用に限られた。

最近、新たに考案された整枝法の一つにバイアクシス（ドイツ語でビーボーンと呼ばれる）整枝法がある。イタリア・南チロルの苗木商によって考案された方法で、苗木本数の削減と強勢品種を高密植栽培に用いる手段として、主幹を接ぎ木部の直上でV字に二分し、トレリスに主幹を沿わせて薄壁状に育てる（図1-9）。現在、イタリア・南チロルのラインバーグ試験場や生産現場で試作されている。

しかしこの整枝法は、V字型に二分させた主軸（主幹）の太さと樹冠の大きさが揃いにくく、樹形を揃えることが難しいため株間を1.3m以上に広げにくい。考案した苗木商は、トールスピンドル整枝高密植栽培に比べて定植する苗木数が削減できると推奨するが、望ましい樹間隔は1.3〜1.5mと予想されており、苗木数の大幅な削減は難しいといった課題が指摘されている（Werth、口頭コメント．2015）。

# 4 日本のわい化栽培

### 独特の様式でスタート
──中間台木方式での普及

日本のリンゴ栽培は大樹疎植栽培で発展してきた。1970年代後半、海外でわい性台木の利用が広がるとそれを契機に、わが国でも、早期多収・省力化・果実商品化率の向上・危険作業回避・管理作業の単純化などを目指した密植栽培への関心が高まった。そして研究蓄積の少ないまま、水田再編対策事業の助成を背景にわい化栽培が急速に普及した（Koike and Tsukahara, 1987）。

わい性台木の繁殖は取り木法が推奨された。しかし、苗木の生産現場では簡易な方法が選択された。すなわち、マルバカイドウにわい性台木を接ぎ木する方式で、M26（ACLSVウイルスフリー）を中間台木とした苗木が多く流通することになった。その後、M9（同）を中間台木に利用した苗木の生産も普及した（Koikeら、1988）。

わい性台木を中間台木とした苗木はわい化効果が劣る。その懸念から、定植時にはマルバカイドウ台木は切り離すよう指導された。しかし、助成事業推進上の制約や、マルバカイドウ台木の切除処理、中間台木からの発根促進に1年を要することから、台木を切り離さないまま定植された（Koike and Tsukahara, 1987．小池ら、1993）。

### 中間台木方式による樹勢抑制の限界

この方式による整枝・せん定法や栽植距離は、オランダで普及したスレンダースピンドルブッシュ、列間4mと樹間1.5〜2mが標準とされた。定植後十数年は早期多収を達成できた。しかし、年数の経過とともに樹勢が強くなって過繁茂や高樹高化が問題となり、間伐や樹形改造などの対策がとられた。

また、台木にマルバカイドウを用いたリンゴ樹は定植の仕方によって生育が大きく異なり、バーノット（気根束）の発生しやすいM26では浅植えでバーノットが多発して、年数を経過するにつれて養水分の吸収・移動が阻害されることで樹勢が衰弱し、逆に深植えでは強勢化するなどの問題が生じた（Koikeら、1988）。

図1-10は、30年以上を経過して過繁茂状態となった密植園の例で、こうした園の問題点は次のとおりである。

元々の樹形は細型紡垂形だったが、間伐して株間を3〜4mに広げてもそのぶんかえって樹冠が拡大し、通路空間も確保しにくい。樹高（結実部）も4〜5m以上と高くなってしまっている。

整枝では、骨格枝状の太い枝が樹冠上下に残って、懐部への光の透過を悪くしている。

樹勢コントロール対策として一部の側枝を

間引いたり、下垂誘引したりする園も多い。結果として地表から2mほどは主幹上に側枝がおけず、本数制限している樹も多い。

しかし、間伐や樹形改造によっても相対日射量が30％以下の果実生産が無効な容積は増え続け、収量・品質とも低下している。樹冠の強大化、乱れから整枝・せん定も困難になり、作業性も著しく悪い、というのが大方の現状である。

中間台木利用苗木の供給に限られる状態でスタートしたわが国わい化密植栽培が抱える根本的な課題といえる。

### ウイルス＆根頭がんしゅフリー化の壁

もう一つの課題がウイルスフリー化である。

リンゴ生産県の研究機関では密植栽培の普及に合わせて、わい性台木の育種や特性の解明、密植栽培法などの研究が行なわれてきた。その過程で、M9台木のウイルスフリー系統（M9ナガノ）やJM台木などの新台木が育成された。そしてこれら新わい性台木を自根で利用した小型樹を用いる密植栽培法が開発され、1990年代末から推奨されている。

しかしながら、取り木法が主体となるM9ナガノなどわい性台木の自根台木の繁殖に取り組む業者は少なく、公的機関や団体等による繁殖が行なわれたが、多くの園で根頭がんしゅ病の問題が発生した。

一方、挿し木発根性の優れるJM台木への期待が高まり、多くの研究や実際栽培への取り組みが行なわれた。その中でも挿し木発根性が優れるJM7台木は苗木生産も増えたが、M9台木よりわい化効果が劣り、密植栽培や高密植栽培でM9台木と同様に用いると強勢化することが明らかとなった（Tamaiら、2003）。

**図1-10　樹齢20～40年のリンゴ密植園（長野県）**
マルバカイドウ台木にM26やM9を中間台木として利用。このように樹形が乱れ、過繁茂の園地が多い

わい化効果と生産効率の優れるM9台木の系統選抜、ウイルスフリー化、根頭がんしゅ病フリー化、取り木繁殖などへの取り組みの遅れたことが、わが国で欧米に類似する密植や高密植栽培の普及が進まなかった理由といえる。

### M9台木の新系統の選抜、育成、普及

その後、長野県では、温熱処理法でウイルスフリー化したM9（M9－、後にM9ナガノ）を自根で用いた場合の優れたわい化効果と生産効率を明らかにして、普及に移した（小池ら、1993）。また、ウイルスと根頭がんしゅフリー系統のM9ナガノVF157を選抜育成し、JM系などの新台木やオランダ、フランスから導入したM9台木の別系統（M9T337、Pajam1やM9Bなど）との特性比較検討や実用化試験を実施して、普及を図っている（玉井ら、2002）。

長野県では、こうしたわい性台木を自根で用いて樹体の小型化を図り、密植（列間4m、樹間1.25～2m程度）する栽培法を'新わい化栽培'と呼び（表1-1）、先ほど見たような強樹勢化して過繁茂状態となった既存の中間台木樹利用園からの改植を勧めてきた。

図1-11はその改植の様子である。生産者はいや地の問題を懸念したが、植え穴に通路の土や新土を用いて植えるなどして改植障害の問題を回避している。また、改植に大型重機を用いると定植後数年で樹体が沈み、台木長が短くなって樹勢が強くなることに注意を促すとともに、水田転換園などで湿害が問題になる場合は、raised bed（盛うね）方式で定植するとよいとしている。

## 5 日本でも始まった新しい高密植栽培

### スレンダースピンドル整枝からの発展

わが国のリンゴ密植栽培は、前述の通りオランダで考案されたスレンダースピンドルブッシュ（以下、スレンダースピンドル）整枝を用いて始まった。

スレンダースピンドル整枝は側枝を水平誘引、主幹を切り返して頂部付近に数本の斜立した側枝を発生させ、主幹延長枝を直下の側枝に切り替えることでジグザグ状に伸ばして樹高を抑える（図1-12）。この方法だと、切り返し部位付近に骨組みとなりやすい強い側枝が形成されやすい。そこで、樹勢の強い'ふじ'では主幹を切り返さない方式が工夫され、具体的な整枝・せん定法が指導書に記載され長野県などの生産現場で用いられた（小池ら、

表1-1　密植栽培条件に適するM9ナガノ台木'ふじ'樹の幹断面積　　（1999. 小池・玉井・小野）

| 4～5年生樹 | 16～20cm$^2$ |
| 10年生樹 | 45～60cm$^2$ |
| 20年生樹 | 90～100cm$^2$ |

注）単列並木植え（列間4m、株間1.5m植え条件）
　　幹断面積は接ぎ木部の上20cm部で測定

図1-11　中間台木樹から自根台木樹による高密植栽培への改植の様子（長野県）
①既存園の抜根、②高密植栽培への改植1年目、③定植4年目'シナノスイート'、④定植4年目'ふじ'

1983)。この整枝法は、全国の研究者らの会議で'細型紡錘形'の名称が決められた。

'細型紡錘形'は、主幹を切り返さず、側枝を水平誘引するなど、フランスで考案されたバーティカルアクシス整枝との共通性が大きい（図1-7、1-8参照）。スレンダースピンドル整枝に比べて樹高が高くなることも似ている。違いは、用いる苗木が中間台木（マルバカイドウ＋M26、M9）利用樹か、自根台木（M9ウイルスフリー系統）かである。後者の密植栽培に比較して、前者の苗木が主となった日本の密植園は、定植後10年以上を経過すると大きな岐路にはまり込み、先に見たように樹冠・樹高の拡大、光条件の悪化、樹勢コントロールの困難、作業性の悪化などの弊害が問題となった。バーティカルアクシスが世界中に普及したのに対し、'細型紡錘形'の技術は国際的な知名度を得ることはなかった。

## 新わい化と高密植栽培
―― 側枝を水平誘引か下垂誘引か

そうした中で、M9台木などを自根で利用したフェザー発生苗木を育て、細型紡錘形によ る密植栽培やトールスピンドル整枝を用いた高密植栽培への改植が始まりつつある。

図1-13の上は密植栽培（新わい化栽培）の圃場の例である。M9ナガノ自根台木のフェザー発生苗木を用いて、側枝を水平誘引、それらを骨格化して円錐形樹に育てるバーティカルアクシスに類似した細型紡錘形整枝が特徴である。

一方、図1-13の下はトールスピンドル高密植栽培への改植圃場の例である。同じくM9ナガノ自根台木のフェザー発生苗木を定植するが、こちらは側枝を下垂誘引して、骨格枝を育てずに細い樹冠の円錐形樹を育てるのが特徴である。

いずれも既存園から改植したため4m間隔のトレリスを利用している。列間が広くなり、栽植本数を増やせないことが課題である。しかしこうした高密植栽培への取り組みが、全国で始まりつつあり、本書ではその後者、トールスピンドル整枝法による高密植栽培を見ていく。

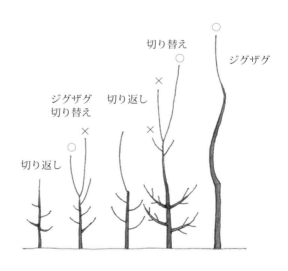

**図1-12　スレンダースピンドル整枝の幹**
主幹を切り返し、延長枝の切り替えでジグザグラインに育てる（○は残し、×は切り取る）

**図1-13 長野県の改植園（M9自根台木樹の密植園）の状況**

a；列間4m、株間1.5m、側枝を水平誘引する細型紡垂形樹（いわゆる新わい化）

b；列間4m、株間1.0m、側枝を下垂誘引するトールスピンドル樹（高密植栽培）

列間3mが理想だが、既存の4m列間トレリスの改修が課題

# 2章 世界に広がる高密植栽培

　欧米のリンゴ栽培様式は、過去三十数年間に大きく変化した。作業性や生産効率の劣る半密植栽培（100本/10a以下の栽植本数）から密植や高密植栽培への転換である。なかでも、低樹高にこだわらず、樹冠幅を狭めて樹高を高め高密植栽培するイタリア・南チロルの方法が注目されている。園地の光線利用率を高めて高品質果実の早期多収と均質生産を継続することで、投下資本の早期回収を図る方法である（Palmer and Jackson, 1977. Palmer, 1999）。

## 1 イタリア・南チロルの生産現況

### リンゴとワイン用ブドウ、アグリツーリズムによる小農経営

　イタリアのリンゴ総栽培面積は約7万haで、南チロル地方が1万8,000ha、トレンティーノ地方が1万1,500ha、ヴェネト州が8,700ha、エミーリア・ロマーニャ州が7,800ha、ピエモンテ州が5,500ha、その他の地域が1万8,500haである（図2-1、日本は平成26年で3万9,200ha）。

　南チロル地方は、トレンティーノ＝アルト・アジェデと呼ばれる州のアルプス・ドロミテ山塊の南麓に位置する。標高1,000m以上の地域を中心に牧畜、急傾斜地を中心にワインブドウが栽培され、標高200〜1,100mの地域でリンゴが栽培されている（図2-2）。土地改良施策や灌漑事業の成果として高度に土地利用がなされ、地価は1億円/haもするほど高価である。農地は主に世襲によって引き継がれ、ほぼ100％の後継者が確保されている。農家経営は、リンゴ園2ha、ワインブドウ園1haほどを組み合わせた規模が多く、これにアグリツーリズム（農業観光）を加えた小規模家族経営による産地形成が行なわれている。

| 地域 | 面積(ha) |
|---|---|
| 南チロル | 1万8,000 |
| トレンティーノ | 1万1,500 |
| ヴェネト | 8,700 |
| エミーリア・ロマーニャ | 7,800 |
| ピエモンテ | 5,500 |
| その他 | 1万8,500 |
| 計 | 7万0,000 |

図2-1　イタリアのリンゴ産地とその面積
（by Kurt Werth）

**図2-2 イタリア・南チロルのエチ渓谷**
エチ川渓谷の標高200〜1,100m地域に高密植リンゴ栽培が広がる

### リンゴ平均反収は6t超

　南チロル地方の生産量は100〜110万tで、平均反収は6tを超える。過去30年ほどの間に、収益性の低い大樹疎植栽培園を、M9台木を用いた密植栽培園に、さらに高密植栽培園へと改植することで収益性を高めてきた。

　同地を訪れる関係者は、M9台木を用いた高密植栽培の生産力と収益性の高さとともに、園地間の生産力と品質に差のないことに驚かされる。わが国から訪れる生産者も、「すごい生産力だ、どうしてこんなに揃った栽培ができるのか」「欠株がない」「来てみなくてはわからない」「まさに目から鱗だ」との感想が繰り返される。「日本のリンゴ生産は世界一と思っていたけど、井の中の蛙だったかもしれない！」との言葉が聞かれることもある。

### 全員参加の協同組合が貯蔵販売

　同地のリンゴ産業は、小規模家族経営の果樹農家が協同組合に集結することで成り立っている。全農家が協同組合に参加し、組合員は生産物の全量を協同組合に出荷することが義務付けられている。小規模果樹農業成功の鍵は、この出荷・販売を協同組合組織が担っていることである。地域に村落単位で存在する32協同組合は、VOG（南チロル果樹生産者協同組合）とVIP（ベノスタ渓谷果樹生産者協同組合）と呼ばれる二つの生産協同組合連合会に結集する。

　各協同組合には大規模な選果場と冷蔵庫が設置され、収穫したリンゴはここで貯蔵されたあと選果、調整して、EU市場や外国に周年出荷される。生産から貯蔵、選別、箱詰めまではグローバルギャップ基準に基づいた管理が実施され、選果場では水に浮かべる選果システム（Water Dumper Sorting System, 図2-3）が設備されている。搬入された果実は選果ライン内を水に浮かんで移動する間に光センサー選別機によってサイズや色の等級別選別が行なわれる。

　貯蔵施設の建設にはEUやイタリア政府の支援があり、100万tのリンゴ全量が貯蔵できる冷蔵庫が地区内に分散して整備されている。冷蔵庫はULOCA貯蔵（超低酸素濃度のCA貯蔵方式）が可能で、収穫翌年の8月まで冷蔵保存された果実が周年出荷される。

### 技術指導は民間負担も

　試験場は品種と栽培・貯蔵技術の開発、普及センターは農家への技術指導（有料）を担っている。Laimburg試験場（州立）は、生産現場に密着した実用研究を担い、予算は全額が州政府負担である。一方、技術指導を担う普及センターは生産者・協同組合が設立した民間機関であり、州政府が予算の半分を負担、残りの半分を生産者が負担する。

図2-3 イタリア・南チロルのリンゴ選果システム
Water Dumper Sorting System（COFRUMリンゴ生産組合にて）
①収穫、②集荷、③水に浮かべて選果、④出荷調整

## 2 南チロルはなぜ密植から高密植栽培に

　南チロルのリンゴ園の平均反収は、年により異なるが約6tで、日本の約2.2tに対して3倍ほどの生産力である。なぜこれほどの生産力をあげることができるようになったのだろうか？

### M9台木の導入とフェザー発生苗木の大量生産

　地域の普及員トーマン（2012）は、同地方におけるリンゴ栽培過去30年の変遷を以下のように述べている。

　南チロルでは、ワインブドウの栽培はローマ時代から取り組まれてきたが、リンゴ栽培は100年ほど前から始まったという。フランスやイギリスと同様に、1970年代までは大型の実生台木樹を用いた疎植栽培が行なわれていた。

　一方で、1960年代に実生台木樹の改植が進み、半わい性台木のM7やMM106を用いたパルメット整枝樹の半密植栽培が普及した。1970年代にM9台木がオランダから導入されると、標高1,000mの放牧地を中心に、スレンダースピンドル整枝による密植栽培の取り組みが始まった。

　わい性台木の導入当初は、M9台木の利用について'トマトみたいな小さな弱い樹でリンゴ生産は無理'と、多くの生産者が懐疑的

2章　世界に広がる高密植栽培　23

であった。しかし、M7やMM106など半わい性台木による半密植栽培の取り組みも含めた10年ほどの試行錯誤ののち、結実が早く、飛躍的に収量が増加したモデル園の成果によってM9台木の能力が生産者に納得されて、1975年頃から密植栽培の取り組みが急速に進んだ（表2-1）。

M9台木を用いた密植栽培様式への転換が広がったのには、苗木業者によるフェザー発生苗木の大量生産への取り組みも大きな要因であるという。リンゴ園の改革にはフェザー苗木の生産供給が不可欠だが、地域の苗木商らがビジネスチャンスと認識して、1年生に限らず、オランダで考案された2年生苗木の生産にも挑戦を続けた経緯がある。

こうして、1970年代、2.8tだったリンゴ園の平均反収は1980年代に3.6t、1990年代に4.4t、2000年代に5.3tまで増加した。

## 高密植へのさまざまな挑戦
### ──植付け方式、樹形など

密植栽培の取り組みは、スレンダースピンドルブッシュ整枝を用いて、列間3.5～4m、樹間1～1.5m（栽植本数が200～250本/10a）の単列並木植えで始まった。フェザーの発生した苗木を植え、樹高を2.5mほどに抑えて地上部から大半の作業ができる樹サイズを目指した栽培であった。しかし、水平誘引した側枝が骨格枝として広がり、樹高を低く抑えても樹冠幅の広がりによって作業性が低下し、樹冠内部の光線不足によって果実品質の低下することが問題になった。

1980年代には、より収量増を目指して栽培本数を増やすための検討が行なわれた。300～500本/10a植えの北部オランダ3列植え栽培、3.5×0.7～0.8mで350～400本/10a植えとなるV-システム栽培などの取り組みも行なわれたが、多列植え方式は開園経費が

**表2-1 南チロルにおけるリンゴ栽培の変遷**

（Werth, 2003., 2005. と2016. 口頭コメントより）

| 年代と栽植様式・樹形の変遷（2003年） | | | |
|---|---|---|---|
| | （樹形） | （台木） | （栽植本数/ha） |
| 1960年代以前 | 自然形 | 実生 | 40～80 |
| 1960年代 | パルメット方式 | M7、MM106、M4 | 400～500 |
| 1970～1975年 | スレンダースピンドル | M9 | 800～1,000 |
| 1990年代以降 | スレンダースピンドル | M9 | 1,200～2,400 |
| 2000年代～ | トールスピンドル | M9 | 3,300～5,000 |

| 品種と栽植様式（2005年） 注；樹形はトールスピンドル | | |
|---|---|---|
| （品種/台木） | （列間×株間） | （栽植本数/ha） |
| ジョナゴールド、ふじ/M9 | 3.0～3.2×1.0～1.2m | 2,604～3,333 |
| ゴールデン、ガラ/M9 | 3.0～3.2×0.9～1.1m | 2,860～3,700 |
| レッドチーフ（スパータイプ）/M26 | 2.8×0.7m | 5,105 |
| ピンクレディー/M9 | 3.2～3.4×1.2m | 2,450～2,605 |

| 品種と栽植様式（2010年以降） 注；樹形はトールスピンドル | | |
|---|---|---|
| （品種/台木） | （列間×株間） | （栽植本数/ha） |
| ふじ、ピンクレディー/M9 | 3.0×1.0m | 3,333 |
| 多くの品種/M9 | 3.0×0.8m | 4,100 |
| スパータイプ品種 | 3.0×0.5～0.6m | 5,555～6,666 |

注）2000年代以降、多収を目標に栽植密度が高まりつつある
　　標準：3.0m×1.0m → 3.0m×0.8～1.0mへ（品種で調節）
　　ただし、強樹勢化した園地では断根処理を行なうことが必須条件

高く、作業性や果実品質の劣ることが明らかとなり、単列並木植えでの密植栽倍の必要性が確認された。

1980年代後半になって、収益向上を目的とした栽培法の論議が再燃し、早期多収、高品質果実の均質生産、省力化を達成するための単列並木植え栽培での改善法が検討された。そして、果樹園の生産力と光線利用に関する生態学的研究、誘引・せん定と枝の生育・花芽形成に関する植物生理的研究などの成果を基礎とした密植栽培様式への取り組みが新たに進展した。

1990年代、スーパースピンドル整枝を用いた500本/10a植えの高密植栽培法も取り組まれたが、樹冠内への光線不足による果実品質の低下などが問題となって普及が限定された。

その後、スレンダースピンドル整枝に代わって、10a当たり150本植えを基本とするバーティカルアクシス整枝による密植栽培が普及した。樹高を高めて水平誘引した強い永久枝を育てて多収を得る方法である。

### 樹高を高く樹幅を狭めて高密植
—— トールスピンドル整枝の採用

1990年代後半には、さらなる収量増と省力化を図る方法として樹高を高めて樹幅を狭めるトールスピンドル整枝が考案され、高密植栽培への更新が進んだ。側枝を下垂誘引して樹幅を狭め、樹高をやや高めた樹を、高密植（列間3m、樹間0.8〜1m、栽植本数333〜410本/10aが標準）で植える栽培法である。

南チロル地域のリーダーは、この高密植栽培を成功させる鍵は枝葉の生長（栄養成長）と結実（生殖成長）が均衡した'静かな木'（徒長枝の発生が少なく、再生産に向けた樹勢を維

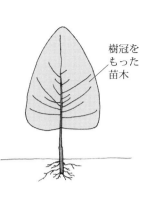

**図2-4 リンゴの密植・高密植栽培を可能にしたフェザーの発生した苗木**

樹冠をもった苗木（右図）ともいわれ、花芽形成が早まり・葉数が早期に多量に確保できる。植え付け後のかん水・施肥管理を適正に行なえば、早期多収が可能になる

持している状態の木）を育てることだと強調し、そのためにはフェザーの発生した苗木を植えるとともに（図2-4）、整枝・せん定の基礎となるリンゴ樹の生育生理を理解して、高密植栽培の成立に必須な管理技術を守ることが重要と力説する（Werth, 2003）。

ヴェルツ（2003）によれば、一般的に、新栽培様式の導入期には、生産現場での普及が研究開発での理論確立に先行することが多く、また密植栽培の基本となる整枝せん定技術は大樹疎植栽培での方式と大きく異なるため、導入当初に生産者の混乱を招いたという。密植栽培の導入当初は、深植えや側枝を誘引せずに切り返すなど'静かな木'を育てることに反する間違ったせん定による強樹勢化や、南向きの傾斜地や排水不良園で発生した若木の凍害など、多くの問題が生じた。しかし、地域の指導関係者が討議を繰り返し、研究機関が技術の裏付けとなる理論を追究、整理して、現場で生じる諸課題の克服と改善を加えることで収益性の高まる栽培様式への誘導を進めてきたと説明する。

## 3 カギを握る苗木の生産と流通体制

### 果樹苗木の認証制度

イタリア・南チロルの密植栽培の発展は、フェザー（注）の発生したウイルスフリー苗木の生産流通の成果ともいわれる。欧州では、オランダを中心としてウイルスフリー苗木の流通を認める苗木認証制度が法制化されており、リンゴ苗木は健全性とともに、径の太さ、フェザーの発生本数等の基準によって区分されて流通する。

（注）新梢の腋芽から発生した細い新梢をフェザー（羽毛状枝）と呼び、1年生枝（前年枝）の定芽から発生した枝は側枝と呼ぶ（図6-5参照）。

オランダの「NAKB（Naktuinbouwオランダ園芸作物検査機関）」と呼ばれる機関は、各種果樹のウイルスや根頭がんしゅ病などのフリー母樹を育成・維持（中核母本とも呼ぶ）して、苗木業者への販売提供を行なっている。最近は、上に述べた認証制度に基づく苗木であることを品質保証する認証ラベルを付けて販売されている。

日本でも公立研究機関において良質苗木の生産技術が開発されつつあるが、欧州に見られるような厳密な基準に基づいた果樹苗木の認証制度はない。今後、果樹産業振興の基礎と考えられる良質健全苗木の生産供給に向けた苗木認証制度の設定が望まれる。

### オランダの苗木認証制度

1950年代、果樹のウイルス感染と生育との関連が欧州で解明され、台木や穂品種のウイルスフリー化の取り組みが始まった（Wertheim, 1998）。オランダでは、1974年に研究機関において主要果樹の品種や台木のウイルスフリー化が始まり、1976年に苗木商がウイルスフリー苗木の生産と販売を始めたことで、わい性台木リンゴ樹の生産力が高まって高品質果実の生産につながった経過がある（表2-2）。

1970年代、オランダのウィルヘルミナドルフ研究所でM9台木'ゴールデンデリシャス'のウイルスフリー樹の生産力に関する研究が実施され、ウイルスフリー樹は潜在ウイルスに感染した樹より17％も増収になる成果が発表された（Van Oosten, 1978）。1980年代になると、世界各地で果樹のウイルスフリー樹の利用の重要性が推奨され、オランダは世界に先駆けて農作物のウイルスフリー苗木の生産、供給、認証、検査を行なう機関と

表2-2　オランダNaktuinbouw（NAKB）の認証ラベル添付の条件　　（Berge, 2003）

- ウイルスフリーの確認された苗木はオレンジ色の認証ラベルが使用される
- ウイルスフリーの未認証苗木には白ラベルが用いられる
- 芽数や接ぎ木数に応じてラベルがNAKBから苗木商に渡されて添付責任が負わされる
- 苗木はNAKBの検査官による検査を受ける
- 認証台木と穂木を用いて生産された苗木はNAKB認証に必要な項目の検査がされる
- 苗木生産ほ場で品種の真偽性と外部品質が検査を受ける
- 検査は苗木生産者とNAKBの検査官によって行われる
- 苗木商はウイルスフリー台木と穂品種母樹園を設置できる
- 母樹園はNAKBの検査を受け、ウイルス症状が生じた場合は認証が取り消される
- 認証苗木は、生産来歴、品種の真偽性、品質、ウイルスと主要病害フリーが保証される

＊オランダのリンゴ苗木でフリーが保証される（青ラベル）ウイルスの種類＊
　apple chlorotic leafspot closterovirus、apple mosaic ilarvirus、apple stem grooving capillovirus、apple proliferation MLO、chat fruit、green crinkle horseshoe wound、rough skin、star crack、ring spot、russet ring、rubbery wood flat limb、russet wart、stem pitting、spy epinasty and decline、platycarpa sdaly bar

して前出NAKBを設置して、ウイルスフリー個体の育成と保存、穂木の供給をしてきた(図2-5)。

### イタリアの苗木認証制度

イタリアでは、公的研究機関と果樹種苗協会(CIVI-Italia)の協力のもとに農作物苗木の認証制度が制定されている(Catalano, 2004)。その狙いは、品種の正確性、ウイルス、ファイトプラズマ(マイコプラズマの一種)、ウイロイドなどへの無感染が保証された繁殖用素材を用いて健全な果樹苗木の育成と流通を図る、ことにある(表2-3)。

初めは1991年に公的機関による果樹苗木の認証制度を発令(D.M.289)して核果類、イチゴ、オリーブ、カンキツ、仁果類(リンゴ、ナシなど)、クルミなどの苗木に適用した。

次いで1992年にはヨーロッパ地中海地域植物防疫機関(EPPO)によるEU圏内の果樹苗木認証基準(EPPO Bulletin 22)が決められた。この公的認証を受けた苗木は、「ヨーロピアンパスポート」と呼ばれる認証ラベル(図2-6)を添付することで植物検疫を受けることなくEU諸国間を流通できる。

認証制度は、苗木がどのような材料を用いて繁殖されたかを明確化できるトレーサビリティー(来歴保証)制度である。

果樹苗木の認証制度と生産流通体系の確立は民間努力だけでは難しいため、健全素材の育成・維持・供給を、研究機関を含めた公的機関が担い、さらに公的な検査機関を設置して認証制度を確立している。健全苗木の供給体制こそ産業振興の基本という考え方の制度であるという。

### 高密植栽培を支える
### フェザー発生苗木

1970年代、欧米のリンゴ産地では'棒状苗木'が生産されてきた。棒状苗木は、側枝を発生させるために定植時に主幹を切り返すことが一般的である。結果として強い太い側枝が発生して結実が遅れるため、わい性台木を用いた苗木を定植時に切り返すせん定への疑問が論議になった。

フランスのレスピナッセ(1980)は、定植した苗木を無せん定にすると樹全体の生長量は増えるが、弱い側枝が多数発生する生長パターンになると報告している。また、フェ

**図2-5　オランダの苗木認証制度と認証苗木の生産供給機関・NAKB**
中核母本の網室での維持(左)、穂木予備増殖園(中)、苗木商へ販売(右)

表2-3　イタリアの果樹苗木認証制度と関係機関　　　　　　　　　　（CIVI-Italia 2004）

- CCP（増殖用基本素材・中核素材の保存管理センター）
　　中核素材と呼ばれる品種や台木を育成・保管維持する。
　　中核素材とは、正確な品種で病原菌（ウイルス、ウイロイド、ファイトプラズマなど）フリーの素材。
　　CCPは、農業関係の研究所内に設置されている。
　　中核素材は隔離施設（網室装備温室など）で鉢植え（地植えを避ける）で、管理番号が付けられて病害虫の感染を防いで保持される。
- CP（予備増殖センター）
　　中核素材の予備増殖を行なう。
　　この業務は研究所も行なうが、農務省によって認定された機関（CP）が担当する。
　　中核素材はCCPの隔離施設からCP（予備増殖センター）に供給されて予備増殖される。
- MC（増殖センター）
　　MCとは、苗木商向けの中核素材（種子や穂木）の増殖を担う（農務省の認定が必要）。
　　予備繁殖された中核素材がMC（増殖センター）のほ場で大量増殖される。
　　屋外で繁殖される認証母樹は、毎年10％の抽出ウイルス検査を受ける。
　　他の植物から100m以上離す、病害虫発生や異品種の混入のないことが義務付けられる。
　　増殖された穂木は芽単位で苗木商に販売される。
- Nursery（苗木生産業者）
　　MCで大量増殖された素材（台木や接ぎ木用のほ木や種子）を購入して苗木生産を行なう。
　　生産苗木は、検疫機関（国の機関）の検査の後に認証ラベルを付けて販売できる。
　　苗木生産ほ場の要件と義務；ネマトーダ・土壌病害の汚染のないほ場の選定。無認証素材の苗木生産ほ場から5m以上離すこと。
- 苗木生産過程での規制、検査、認定
　　中核素材の保管と品種の真偽性や健全性の検定：農務省が認める機関が行なう。
　　認証母樹の繁殖段階での検査：認定機関と果樹種苗協会（CIVI）が連携して行なう。

認証ラベル
　　苗木ほ場での病害虫発生状況について年1回以上実施される検査にパスすると、認証ラベルが発行される。

認証済み苗木
　　ラベル（来歴・品種名・台木名・ウイルスフリー等を保証）を付けられて流通する。
　　ラベルが添付された苗木はEU諸国内で自由に販売することが認可される。

図2-6　イタリアの果樹苗木認証ラベル（苗木1本ごとに使用）
ラベルの発行責任者はCIVI-Italia（イタリア果樹種苗協会）、大きさは30×180mm
青色ラベルはウイルスフリーの保証　　（by Catarano.CIVI-Italia）

ザーの多発した苗木を植えて、花芽形成を促す管理（切り返しせん定をせずに下垂誘引）を組み合わせると、早期結実と樹勢抑制効果の得られることが、多くの研究から証明されている（Ferree and Rodas, 1987. Robinson and Stiles, 1991. Van Oosten, 1978. 小池ら、1983. Lespinasse, 1996）。

なかでも、1980年代にオランダで考案された'knipboom'またはknip tree（英語でcut tree、カットツリー）は早期結実効果を得るためにもっとも適した苗木として、リンゴの苗木生産に画期的な改革をもたらした（Berg, 2003）。

高密植栽培では、フェザーの発生した苗木の利用が基本となる。フェザー発生苗木は、定植年に長めのフェザーを下垂誘引すると、多数の短果枝が着生して翌年から果実をならせることができるためである。若木の樹勢を

早期結実で抑制することで密植や高密植栽培が成り立つ。一方、定植後に早期結実の得られない'棒状苗木'は高密植栽培に適さない。

### 1年生のフェザー発生苗木も使用

イタリアなど欧米では、苗木代の高い2年生カットツリーのみならず、1年生のフェザー発生苗木を用いる例も多い。1年生のフェザー発生苗木は2年生カットツリー苗木に比べて貯蔵養分は多くないものの、フェザーを下垂誘引することで定植後2年目には少数の果実を成らせることができるため、高密植栽培に利用できる。

前出のトーマンとクリスタネル（2012）は、フェザー発生苗木を植えれば早期結実によって開園費を4年以内に償却できるのに対し、棒状苗木を植えた園地では開園費の償却に6年以上の年数を要すると述べている。

## 4 世界で注目、普及拡大中の栽培法

リンゴ高密植栽培は、ヨーロッパに限らず世界中に広がりつつある。イタリア・南チロルを訪れると、世界のリンゴ生産国からの視

### 注目されるアメリカでの普及拡大

西海岸のリンゴ主産地、ワシントン州立大学のバリット（Barritt, 2000）は、イタリア・南チロルでは高密植栽培への改植によって大きな利益を得ているとし、定植後5年間の累積収量は同州の果樹園より5t/10aも多く、定植2年目には2t/10aの収量が得られるような魅力ある栽培法と紹介してきた。

一方、早く1984年からリンゴの密植栽培に関する研究を続け、高密植栽培の有利性を提唱して、普及に努めてきたニューヨーク州コーネル大学のロビンソン（Robinsonら、2006）は、南チロルのその樹形を「トールスピンドル整枝」と命名したことで知られる。

ロビンソンが高密植栽培を推奨した当初は、高密植栽培は開園費がかかるなどの理由により同意しない生産者が多かったらしいが、自らの研究成果も含めてこれほど早期多収で高品質果実が生産でき、省力化も可能な栽培様式がほかにはないことをその収益性とともに示し、理解を深めてきた。

また同栽培様式が、植物生態学や生理学など多くの研究成果と技術が体系化されて組み立てられたものであることも解説している。

さらに栽培様式の収益性研究から、新品種の導入による収益性向上が避けがたい近年のリンゴ栽培では、投資は少なくても成園化まで10年以上を要する栽培様式を選ぶのか、初期投資をかけても回収が早く高収益の得られる高密植栽培を選ぶのか。投資は無駄金ではなく増やすことのできる資金と考えるべきであると説得し、同栽培に必要な投資の回収には、定植後5年間に早期結実と多収（累積収量で15t以上）を得ることが鍵になると話している（Demarreeら，2003）。

アメリカの大規模経営では、園主だけでせん定作業を行なうことは無理で、経験のない季節労働者にせん定作業を頼らざるを得ないが、理解しやすいトールスピンドル整枝法を用いたM9台木の高密植栽培は、半密植栽培に比べて作業性の向上や大幅な労力削減が可能となる。大規模経営のアメリカにおいても普及拡大を推進すべきとの意見である。

察団と会うことが多い。また、南チロル州の首都ボルツァーノ市では国際リンゴ博覧会（INTERPOMA）が隔年で開催される。世界中から多数のリンゴ関係者が参加する大博覧会で、2014年の大会には世界28カ国から3日間、延べで1.8万人ほどが訪れたという。

南チロルのリンゴ栽培を高密植栽培に導いたクルト・ヴェルツ氏は、世界各国のリンゴ産地に出向いて高密植栽培の技術指導を行なっている。日本、アメリカ、中国、韓国、イラン、インド、トルコ、ウルグァイ、ポーランド、その他東欧諸国を飛び回る忙しさである。ヴェルツ（2003）によれば、韓国のリンゴ主産地・慶尚北道では約50％のリンゴ園が高密植栽培に改植され、北朝鮮では平壌郊外に1,000haのイタリア式高密植園が開設され、中国、インド、イラン、東欧などでも大規模な取り組みが進んでいるという。

高密植栽培の普及が進むアジアや東欧などの国々では、イタリアやオランダからM9台木や接ぎ木苗木を多量に購入している。イタリア・南チロルに例をとれば、果樹苗木商16社がM9台木に接ぎ木したリンゴ苗木を年間1,000万本ほど生産しており、毎年150万本ほどが南チロル域内で改植用に植えられるが、残る大半の苗木がEU諸国を中心として世界各国に輸出される。また、オランダ、ベルギー、フランスなどでも多量のリンゴ苗木が生産されて、検疫問題のない世界の国々に輸出されている。欧州産リンゴ苗木の流通が、世界規模でのリンゴ高密植栽培の急速な広がりの基になっているのである。

現状、世界で約7,000万tと予想されるリンゴの生産量は、高密植栽培の普及拡大に伴ってさらに増え、果実品質も向上することが予想される。

グローバル化によって市場競争が激化する時代、効率化・省力化・早期多収・均質果実生産などを目指した園地改革への取り組みを加速させつつある世界のリンゴ産業の情勢認識は欠かせない。日本での取り組みを考えれば、果樹園地活性化対策事業のような助成制度の活用によって初期投資の削減が可能であり、今こそ収益性の高い高密植栽培への挑戦の好条件が整った時期と考えられる。

# 3章
# 従来の密植栽培との違いは

## 1 外見上の違い

### 樹高と栽植密度

　太陽光線がよく当たる光合成能力の高い葉を、可能な限り多く確保する。リンゴづくりで重要なこのことを実現するため、栽植様式は、疎植大樹から受光体勢の優れる小型のわい性台木樹を密植する方式への転換が行なわれてきた。その密植栽培は、小型樹を並木植えにする方式で成り立つ。
　このときの栽植密度は、一樹内の好適光環境を保ちながら、通路空間を含む園地トータルの光線利用率を最大化することが理想となる。それをめぐってこれまで多くの研究や現場での取り組みが行なわれてきた（表2-1参照）。
　1960年代にオランダで考案され世界に広がったスレンダースピンドル整枝による密植栽培は、低樹高を目指していた。しかしこのスレンダースピンドルやバーティカルアクシス整枝は、側枝を水平誘引するため樹幅が広くなり、梯子や高所作業機の利用を含めた作業能率の劣ることが課題となった。また、低樹高栽培では結実部が限られ、収量増にも限界があった。
　その後、樹高を2mから3mに高めることで収量が25〜30％増加する研究成果がフランスで発表されて、樹高を高めた密植栽培の検討と普及が広がった（Lespinasse, 1980）。さらに、側枝を下垂させて樹幅を狭くした主幹形整枝法（トールスピンドルブッシュ樹形）が工夫され、列間を3〜3.5m、樹間を0.8〜1mほどに狭めた高密植栽培様式が普及するようになって高品質果実の多収が可能となった（Robinson, 2011. 図3-1、図3-2）。

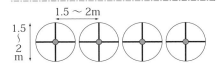
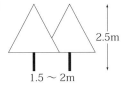
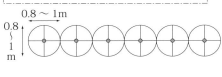
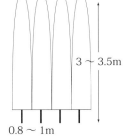

**図3-1　密植栽培と高密植栽培モデル**

## 整枝せん定法と樹形

大型強勢樹では、骨格枝を育てるのに必要な太枝の発生を促すため、主幹や側枝の先端を切り返すせん定が若木から継続して用いられる。骨組み枝は年々太くなり、樹冠下部や内部に日陰ができる。これを避けるため、大型樹では主幹頂部の太枝を切り取って横に広がった円形の樹冠を育てる。開心自然形などの名称で工夫されてきた方法である。

これに対し過去40年以上にわたり、半わい性やわい性台木を用いた主幹形樹の整枝せん定法が研究されてきた。そのなかでレスピナッセの、無せん定樹を用いて行なった生育特性調査（Lespinasse, 1977）は、密植栽培に用いる整枝せん定法に画期的な改革をもたらした。すなわち、リンゴの早期結実を促すには

・若木の枝を切り返さない
・不要な枝は基部で間引く
・花芽の形成促進には立ち上がった枝を引き下げる

などであり、これら基本技術を元にソラックスやバーティカルアクシス整枝が提案された。

このうち、主幹を垂直に保って樹高を高め、側枝を'水平誘引'して維持するバーティカルアクシス整枝は、それまでのスレンダースピンドル整枝に代わって世界各地に普及した（表3-1）。しかし、水平誘引した側枝は先端が強く伸びて樹冠幅が広がる。そのため高密植への取り組みには限界があり、樹冠幅が広いため作業性の劣ることなども課題とされた。

その後、欧州を中心に増収と作業性の向上を目指したより密度を高める高密植栽培が検討され、イタリア・南チロルで改良が進められたのが、樹高を高めて側枝を下垂させる整枝法であった。これが、1990年代後半のことである。

南チロルでは当初「トールスレンダースピンドル整枝」と呼ばれていたが、前にも述べたようにその後アメリカ・コーネル大学の

列間3m・株間0.8m
350本/10a

**図3-2 トールスピンドル高密植栽培園の定植後4年目（イタリア・南チロル、地上から2mはすでに1回目の収穫済み**

樹幅はきわめて狭いが、
・品質は揃っている
・管理作業が容易
・防除農薬の死角ができない、などの特徴がある

**表3-1 フランスで考案されたバーティカルアクシス整枝の基本** （Lespinasse, 1980）

・M9台木を利用
・樹高が目標の高さ3〜3.5mに達するまでは、主幹の切り返しをしない
・主幹上に発生する側枝は、発生の翌春に幹径の1/2以上太いものを、基部で間引く
・残した側枝は水平誘引する
・樹高は、頂部の細枝に結実させて勢いを弱めた後に、結実部を3〜3.5mに切り下げる

注）長野県や国内で推奨されてきた細型紡垂形整枝法と手法は同様である。
　　国内では、M9中間台木樹（マルバカイドウ台木）の利用で強勢化が課題となった

図3-3　密植栽培から高密植栽培への変化と樹形
フリースピンドル（斜立自然）→スレンダースピンドル・バーティカルアクシス（水平誘引）→
トールスピンドル下垂誘引（枝の伸長抑制・花芽形成早まる）
側枝の下垂誘引・太い側枝の間引きで高密植栽培が成立

ロビンソンら（2006）によって「トールスピンドル整枝」と呼ばれるようになり、高密植栽培園の整枝法として一般に普及し出した（図3-3）。10a当たり栽植本数はスレンダースピンドル時代の120〜240本から、トールスピンドル整枝では333本以上になる（表2-1参照）。

## 2 高密植だと、なぜ収量性があがるのか

### 光線利用と物質生産

果樹園の生産力を考えると、光合成で生み出される炭水化物を効率よく果実に分配することが重要になる。光合成には炭酸ガス、水、太陽エネルギーが必要となる。

地球に到達する太陽エネルギーは50％が赤外域（植物に利用できない）、10％が大気や雲に吸収され、15％は反射されるため、植物が吸収可能な太陽エネルギーは全体の25％ほど。また、環境・園地・栽培などの要因によって果樹が光合成で炭水化物（化学エネルギー）に変換できる太陽エネルギーは全体の1％ほどにすぎないという。

果樹栽培の生産性向上には、この太陽エネルギーをいかに効率よく樹冠内に採り入れられるか、栽植密度や整枝法などの工夫が求められる。太陽光線を吸収できる葉の枚数がそれによって異なるからである。

一方で、光合成によって変換される炭水化物（化学エネルギー）の果実へ分配も重要となる。

果樹園の生産力は年間の物質生産力によって測定できる。物質生産とは、光エネルギーに作物の光吸収率と光合成能力率を乗じた値から、呼吸による消耗量を主として引いた値のこと（乾物重で表わす）である（図3-4）。葉で生産された乾物は、枝葉より果実に優先的に分配される（図3-5）。したがって、太枝や徒長枝を多量に切り落とすせん定が必要な果樹園は、幹・枝・根に分配される炭水化物が多すぎるということで、効率的な果実生産ができているとはとても言い難い。栄養生長

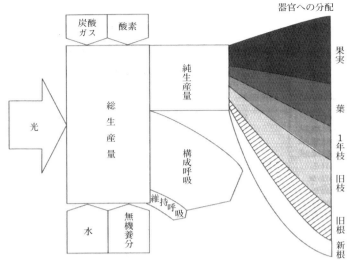

**図3-4　果樹の物質生産と乾物の分配模式図**（高橋、1998）

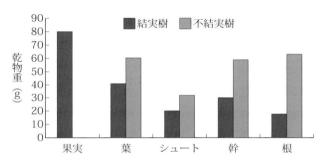

**図3-5　M9台木樹の結実と乾物の器官別分配率**
（結実と不結実樹の比較、Forshey and Elfing, 1989）

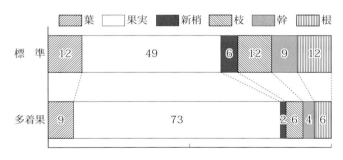

**図3-6　着果程度と光合成産物の器官別分配**（小池、1993）
'ふじ'/M26台9年生樹（5樹平均）

（枝・葉・根の生長）と生殖生長（花芽・果実の生長）が保たれていれば、葉で生産される炭水化物のほとんどを自身の伸長のために使う徒長枝が多発する状態は必要ないのである（図3-6）。

光線の効率的な利用と、物質生産とその分配。そのためには、苗木の定植後、可能な限り早期に多数の葉を確保し、園地全体の光合成能を高めるとともに、早期結実で果実への乾物分配率を高められる栽培が重要（高橋、1998．小池、1993）なのであり、それができる高密植栽培は従来の密植栽培より有利である。

## 園地光線利用率は密植が有利
### ――リンゴを群落として栽培する

近代的果樹園には、園地を群落としてとらえ、その生産力を高める最適な栽培様式や技術が求められる。

その一つとして、Light Interception（園内の全リンゴ樹の葉が吸収利用する太陽光の率で、以下、園地の光線利用率とする）が園地の生産力を決める手段として1960年代に検討されるようになった（Jackson, 1980）。

例えばケインは、樹冠を小型化して栽植密度を高めるほど園地光線利用率は大きくなるとして（Cain, 1970）、小型樹を密植して若木状態から園地の光線利用率を高めれば早

期多収が得られ、しかも園の一生を通じて高い光線利用率を維持できることなどを報告した。

また、パーマーらは栽植密度と園地光線利用率の研究から、栽植本数が85～374本/10aであれば、収量は園地光線利用率の増加に比例して高まるとし、早期に園地全体の葉面積を増やせる高密植栽培の有利性や、密植栽培園の収量が園地光線利用率によって上限が決まることなどを報告している（Palmer and Jackson, 1977）。

## 栽植密度と園地光線利用率
―― 樹高と列間隔の比は0.9～1.0がベスト

果樹園で作業用空間が広いと栽植本数が減って園全体での葉面積の確保が難しい。園地の光線利用効率を高めるには栽植密度を狭める必要があるが、かといって、管理作業に必要な広さの通路空間の確保は欠かせない。また、並木植え栽培の場合、栽植密度の決定には園地の光線利用率を高める列間隔と樹高との関係の解明も必要となる。

1980年代後期まで、多くの作業が地上からできる低樹高栽培の取り組みが検討された。地上1m付近に骨格枝を育てる樹形が多かったため樹幅が広がり、結果として栽植本数が制限されて収量増の限界が明らかとなった（Wertheim, 2000）。

その後、並木植え密植栽培で収量増を図るには樹高を高めることと、列間隔を狭めることの重要性が明らかにされ、葉数の確保と隣接列に日陰をつくらない列間隔に対する樹高（結果部位高）の比は0.9～1.0であることが示された（Robinsonら、1991）。すなわち、列間隔が3mなら樹高2.7～3.0mでもっとも高い園地光線利用率が得られるということである（図3-7）。先に述べた1980年代に普及した低樹高密植栽培園（列間4～5m、樹高2～2.5m）の多くは、列間隔に対する樹高の比率が0.5～0.6程度で、園地光線利用率が高密植栽培園より低い。収量が制限されるのも理解できる。

果樹園の若木時代は、園地の光線利用率の低いことが収量の制限要因となる。半わい性台木や中間台木などを用いた疎植栽培園（栽植本数が50本以下）では成園まで年数がかかり、園地の光線利用率を高めるのに必要な栽植空間を樹冠で満たすまでには7～12年もかかることが多い。

一方、M9などのわい性台木を用いたフェザー発生苗木を300本以上植える高密植栽培園では、定植後3年目のシーズン終わりか、4年目には、与えられた空間が樹冠で満たされて、多数の葉が確保できる。早期に園地の光線利用率を高めることができるとともに早期多収によって適樹勢が維持されて過繁茂状

図3-7　列間隔（w）に対する樹高（h）の比（h/w）は、0.9～1.0でもっとも光線（L）利用率がよい

リンゴ高密植栽培園の樹冠群落（並木）；列間×0.9～1.0＝樹高、樹幅は1m以内
注）樹高（h）は結果部位高

**図3-8 イタリア・南チロルと日本の改植園での高密植栽培の取り組み**

イタリアでは列間3m、樹間80cmなので、3〜4年で空間が埋まり光線利用率が高まる。下の日本での取り組みは既存園のトレリスを利用したため列間が4〜4.5mと広くなり、園地の光線利用率を高めることができない。収量にも限界が生じる（長野県）

態が回避でき、好適な園地光線利用率も維持できる（Werth, 2003．図3-8）。

オランダで密植栽培を推進したヴェルトハイムは、密植並木植え栽培で生産力を高めるには、フェザー発生苗木を密植して早期に園地の光線利用率を高めること、また樹高が1m高まるとその利用率が10％高まると述べている（Wertheim, 2000）。そしてロビンソンは、樹幅の狭いトールスピンドル高密植栽培園（樹高3m、列間3〜3.5m）なら70％近い園地光線利用率となって著しい多収が得られることを示している（Robinson, 2011）。

## 樹冠内部に入るほど相対日射量は低下

リンゴ樹の樹冠内では、光条件の悪い部位で果実が小さく、着色が劣り、花芽形成も劣る（Forshey and Elfing, 1989）。

ハイニッケ（1963）とルーニー（1968）は、大型円形樹の樹冠内の光強度は葉の密度が増加するにつれて急激に減少し、樹冠の中心部では相対日射量（樹冠外の日射量に対する相対値。以下RLIと略）が6〜30％に減少するとし、リンゴ生産に望ましいRLIは30％以上であると報告している（Heinicke, 1963．図3-9）。

ジャクソンも、大型のリンゴ樹では樹冠の

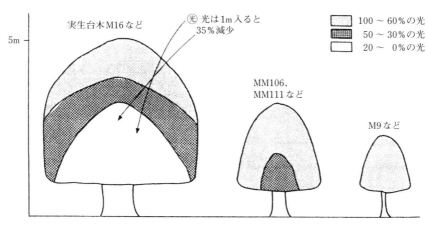

**図3-9 リンゴの樹冠の大きさと光の分布**（Heinicke, 1963）

内部に1m入ると相対日射量が34％に低下する一方、主な結実部位の相対日射量は35％以上であることを見つけた（Jackson, 1970）。一般的に強勢な円形樹冠の大樹では、相対日射量が6〜30％の光環境下では果実がほとんど結実しないし（Looney, 1968）、樹冠表面から1m以上入るとRLIは30％以下に低下することを報告している。

その後も、多くの研究から高品質果実の生産には30％以上の相対日射量の必要性が示された（Jackson, 1980. Robinsonら、1983）。筆者が、M9台木やM26台木の小型樹と大型の中間台木樹を用いて行なった研究でも、樹冠内の光分布は同様で、樹冠が大型化するほど内部にRLI30％以下の部位（生産に無効な容積）が増える結果となった（小池、1993. 図3-10）。

ロビンソンやサンサビニは、小型の円錐型樹は近接している側枝数が多いと葉数が多くなって樹冠内光分布が劣ると報告している（Robinsonら、1991. Sansaviniら、1981）。

一般的に、トールスピンドル高密植栽培園のような樹冠幅の狭い円錐型樹で壁状の並木が構成される園地では、樹冠頂部を底部より細めに維持しておくことで、樹冠内の光環境は好適に保たれる。成園化した園地で樹冠内光分布を好適に維持するためには円錐樹形を維持し、間引きせん定で側枝数を制限しつつ、必要に応じて夏季せん定で徒長枝を切り取る、そして落ち着いた樹勢に導くのに必要な施肥やせん定方法を用いることであるとしている（Corelli and Sansavini, 1989）。

### 果実生産効率の悪い大型樹

樹冠の大きな樹形（大型樹）は果実の生産効率が悪いとする報告は、この間多くの研究者から出ている。

フォーシーは、小型樹は大型樹より光利用効率の高い葉が多くなり、大型樹より高い果実生産効率／単位土地面積を有することを報告している（Forshey and Mckee, 1970）。ケインは単位樹冠容積当たりの果実生産量とリンゴ樹のサイズとの間には負の相関があり、リンゴ樹の樹冠が1m増すごとに、果実収量は1㎡当たり0.6kg減少するとしている（Cain, 1970）。

以上からわかるように効率的な果実生産には、小さく、樹冠幅の狭いリンゴ樹を並木状

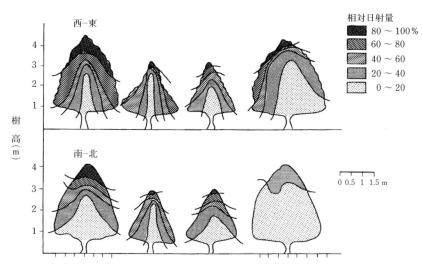

図3-10　主幹形樹の樹冠の大きさと樹冠内の光分布（小池、1993）
樹冠が大きくなるほど樹冠幅が広がるほど光環境が劣る

3章　従来の密植栽培との違いは

に植えることが有利なのである。

## 3 省力・均質生産が可能に

　世界のリンゴ産地では、大規模産地を中心として労働力不足が深刻な問題である。
　リンゴ栽培では、せん定、摘果、収穫作業を中心とした人手による作業が欠かせないため、パート労力の確保とその作業効率が大きな課題である。省力的に均質果実の生産ができるトールスピンドル高密植栽培は、その意味でも世界中から注目を集めている。

### 日本と比べて半分以下の作業時間

　イタリア・南チロル地域の1万8,000haのリンゴ栽培園の9割以上を占めるトールスピンドル高密植栽培園の総労働時間は10a当たり47.8時間である。作業別では、収穫26.1時間、収穫監督3.0時間、休眠期のせん定6.7時間、夏季せん定1.2時間、整枝（誘引）1.4時間、摘果（薬剤摘花・果と手作業）3.8時間、薬剤散布3.9時間、土壌管理1.7時間で、葉摘みや玉回し等の着色管理を行なわない一方、多収による収穫労力の多いことが特徴である。日本のリンゴ栽培の標準的労働時間と比べると、普通樹栽培との対比で18％、新わい化栽培との対比で32％ほどである（表3-2）。

### 広い列幅＋低樹高樹は
### 高所の作業性が低下

　主幹形樹の並木植え栽培では、省力化や作業性を高めるためとして、樹体の小型化・低樹高化が図られてきた。
　具体的には、人が手を伸ばして届く程度に樹冠幅を狭め、樹高を制限することが最良である。しかし、樹高を制限した密植栽培では収量を高めにくく、また、樹高を低く抑えるために主幹の底部に太い側枝（骨格枝）を育

表3-2　日本のリンゴ産地における作業別労働時間　　　（時間/10a）

| 作業名 | 全国 | 長野県 | | イタリア・南チロル |
|---|---|---|---|---|
| | | 普通樹 | 新わい化栽培 | トールスピンドル高密植栽培 |
| | | 脚立使用 | 脚立使用 | 作業台車使用 |
| 整枝・せん定 | 36.0 | 73.0 | 20.0 | 6.7 |
| 施肥 | 2.0 | 12.0 | 2.0 | |
| 除草・防除 | 18.0 | 37.5 | 12.0 | 3.9 |
| 授粉・摘果 | 69.0 | 12.0 | 36.5 | 3.8 |
| 着色管理 | 62.0 | 50.0 | 27.0 | |
| 袋かけ・除袋 | 18.0 | | | |
| 収穫・調製 | 47.0 | 50.0 | 30.0 | 26.1 |
| 出荷 | 17.0 | | | |
| 管理・間接労働 | 3.0 | | | |
| かん水 | | 3.0 | 4.0 | |
| 人工受粉 | | 2.0 | 1.5 | |
| その他 | | 6.5 | 5.0 | |
| 土壌管理 | | 14.0 | 10.0 | 1.7 |
| 支柱立て | | 3.0 | | |
| 収穫監督 | | | | 3.0 |
| 夏季せん定 | | | | 1.2 |
| 誘引作業 | | | | 1.4 |
| 総労働時間 | 272.0 | 263.0 | 148.0 | 47.8 |

注）品目別経営統計農林水産省、長野県果樹経営指標、Kurt Werthより

**図3-11　細型紡垂形の密植栽培園**（4.5〜5.0m×2m植え'ふじ'成木園、長野県）
樹幅が広く、樹冠内に手が届かない。樹冠内側の光線分布が劣り、果実品質も不揃い。高所作業機の利用でも樹幅の広い主幹形樹は作業性が劣る

てることになり、樹冠幅が広がって梯子や作業機を樹に近づけることが難しくなる（図3-11）。

　トールスピンドルブッシュ整枝高密植栽培はこれらの課題を解決するために考案された。実際、樹幅を狭めて樹高を高めた円錐形樹は、梯子や作業台車が利用しやすく、作業性を飛躍的に向上させた。

　前述のロビンソンは、バーティカルアクシス密植栽培とトールスピンドル高密植栽培の作業別労働時間の比較を行ない、作業台車を用いた後者の収穫労力は41.5時間（収量7.5t）/10a、脚立を用いた前者のそれが90時間（同5t）/10aであることを報告している（Robinsonら、2014）。収量が多い前者のほうが収穫にかかる時間が少なかったのである。作業機の利用や操作性が高まるトールスピンドル整枝密植栽培の効率生産と収益性の高さを示す調査結果といえる（表3-3）。

### 樹幅が狭いのでアプローチが容易

　作業性のよさの理由は、側枝の下垂誘引により薄い樹幅の円錐型樹にある。脚立や作業機を樹に近接して利用できるため、樹冠頂部の管理作業も楽になる。樹冠幅が薄いと光環境がよくなり、果実品質の向上と揃いもよくなる。そのことがまた作業性の改善にもつな

**表3-3　密植栽培と高密植栽培の労力比較**
（Robinsonら、2014）

| | 密植栽培<br>（脚立使用） | 高密植栽培<br>（作業台車使用） |
|---|---|---|
| 収量（t/10a） | 5.0 | 7.5 |
| 作業別労働時間(h/10a) | | |
| 休眠期せん定 | 15 | 7.5 |
| 誘引 | 5.0 | 2.5 |
| 摘果 | 20 | 7.5 |
| フェロモン設置 | 10 | 5.0 |
| 夏季せん定 | 15 | 0.25 |
| 収穫 | 25 | 18.75 |
| （収穫能率） | （4ビン/人/日） | （8ビン/人/日） |
| 総労力 | 90 | 41.5 |

注）密植栽培；バーティカルアクシス整枝樹
　　高密植栽培；トールスピンドル整枝樹
　　ビン（350〜400kg）は収穫コンテナ

がる（図3-12）。

### 地上から70％までと、それから上とを分けて収穫

　一例として、イタリア・南チロルのリンゴ園を訪れると、地上から70％ほどまでの高さのリンゴの収穫が終わり、主幹上部の30％だけ収穫し残っている園地の光景を目にすることが多い。これは、作業能率を高めるために、脚立を使わずに地上部から手の届く高さの果実を収穫するグループと、脚立や

図3-12　トールスピンドル高密植栽培と作業性（左；長野県大町市、右；イタリア・南チロル）
脚立や機械が近接できるため、作業性の向上・省力化が可能

作業台車を用いて作業するグループとに分かれて作業するためである（図3-13）。
　トールスピンドル高密植リンゴ園は、樹冠幅が狭いことで地上からの作業も脚立を用いた作業も能率を高めることができる。

### 雇用労力も入れやすい

　トールスピンドル整枝法は季節雇用の労働者にも理解しやすい。イタリア・南チロルのリンゴ産地では、せん定、摘果、収穫作業等の作業を東欧諸国からの季節労働者に頼っている。理解度の高い技術で組み立てられた栽培様式は作業性の向上と省力化に必須であり、アメリカなどの大規模経営リンゴ生産地域を含めて世界中のリンゴ産地から注目される理由でもある。

図3-13　地上から70％の作業が可能、薄い樹幅・壁状で作業機も利用しやすい

# II

# 高密植栽培の実際管理

# 4章
# 圃場の準備と台木特性

## 1 園地の選定と準備

### 排水の良否を確認する

　リンゴ園地の選定でもっとも注意しなくてはならないことは、排水の良否の確認と対策である。適地は、平地や作業用機械の使用に支障ない程度の傾斜地で、冷気がたまりやすく、風通しが悪く（霜道、霜穴）、晩霜害が発生しやすい地形などは対策を講じる。

　丘陵地域の頂部は風が強く、雨水によって土が流されて耕土が浅いなど、必ずしも好条件とは限らない。また、南面傾斜の地形では、若木のときに南西側の幹部に凍害が発生しやすい。樹皮が厚くなるまでの間（定植後5～6年）、白塗剤で幹を白く塗るとともに、越冬前に地際から地上50～80cmほどの幹部を稲ワラで巻くなどの凍害対策が必要となる。北面傾斜では開花期が遅くなりやすく、東向きの傾斜地では夜露が早く乾くために病害が発生しにくいなどの特徴がある。それぞれ適切な対策が必要となる。

### 排水性とともに通気性も確保

　園地は一定の深さの有効土層（30cmほどが望まれる）が必要で、耕土が浅いと干ばつ害や冬季に根の凍害を受けやすくなる。一般に、わい性台木樹の生育障害は水田跡地への植栽で発生する例が多い。多くが排水不良、生育期の滞水などによる根の活性低下や根腐れなどに起因する樹勢衰弱や枯死である（図4-1）。

　園地選定では排水の良否、土壌の通気性の

図4-1　水田転換園における春の融雪停滞水による苗木の枯死と盛りうね栽培
苗木や若木凍害や枯死トラブルは排水不良園で春先に顕在化する（左）、盛りうねをつくって植えた水田転換園（右）

確認がもっとも重要である。湧水や滞水が確認される場合は、硬盤破砕、暗渠、明渠、盛り土などによる土壌の通気性確保対策をまず行なう。次いで、土壌の化学性分析を行ない、土壌改良資材による酸性矯正、施肥などを検討する。

こうした園地の土壌分析、土壌改良、排水対策などは、定植の数カ月間前までに、可能ならば1年間かけて行なうことが望ましい。

### 幼木・若木の生育促進に大事なかん水

園地選定にはかん水用の水の確保も重要である。根が浅いわい性台木樹は、樹体の要求量を満たす水を点滴かん水法で根域に与えると良好な生育が得られる。かん水は、根量の少ない幼木や若木の生育促進に重要であり、簡易な貯水タンクなどの利用も可能である。

## 2 高密植栽培に必須の支柱・トレリス

トールスピンドル高密植栽培では、主幹を支柱やトレリスに固定して垂直に維持することが必須で、台風対策などを考慮した構造や強度のトレリスを設置する。

### 支柱・トレリスに固定することで生育は促進

リンゴのわい性台木樹は、主幹を支柱に固定することによって主幹延長枝の伸長や果実の生育が促進される（図4-2）。理由は、主幹の揺れを減らすことで主幹の肥大を抑制できるためである。

反対に、主幹を固定せずに放置して、湾曲したり、風などで揺れ動く状態を続けると、幹内部の細胞組織が傷付いてエチレンが発生する。このエチレンの作用によって幹内部の細胞の生長が促され、葉で合成された糖を優先的に利用して、主幹延長枝の伸長や果実の肥大生育に必要な分配量を減らしてしまう

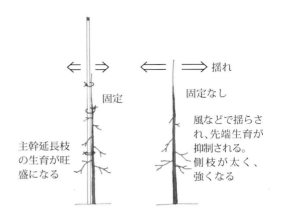

**図4-2 若木の主幹を垂直に維持して横揺れを防ぐ**
（Crassweller and Smith, 2009を参考に作図）
高密植栽培では、定植後、可能な限り早く3mの樹高に伸ばしたい。そのためには、苗木定植後すぐに主幹は固定する

(Crassweller and Smith, 2009)。

添え竹などを用いて定植直後に苗木を支柱に固定して育てたわい性台木樹は、主幹を固定せずに育てた樹に比較して5年間の累積収量が50％も多いといった例があるほどである(Harbut, 2012)。

### トレリスの素材、長さ、高さ、ワイヤー

トレリスには、鉄材、木材、コンクリートなどの素材が用いられる。

トレリスの構造は、隅支柱と中支柱（7～10mの間隔）を用いて、3～5本の架線を張る方式が一般的である。架線は緩みのないように張ることが必須で、頂部の架線の下に一定間隔で3～4本の架線を張る。

園地の土壌条件によって異なるが、各種アンカーを用いた支柱の沈み込み防止対策、また横揺れ防止のための架線を一定間隔（10～15m）で頂部に張って両隅をアンカーで固定することも重要となる。

トレリスには樹ごとに補助的な支柱（細竹など）を固定して若木の主幹部や主幹延長枝を固定する。主幹延長枝の横揺れ防止のため

図4-3 トレリスの地上高が低いと、頂部が湾曲したり折れたりして伸びが抑えられる
トレリスは、結実部の高さ（3m）まで伸ばしたい

の補助的支柱は、主幹頂部が頂端の架線に固定できるまでの間だけ用いればよいので、素材は耐用年数が4～5年の素材（細竹など）でよい。長い支柱がなければ、頂端の架線と地上1mの架線とに固定して用いる方法もある（図8-1参照）。

　トレリスの高さは、結実部の高さ（3～3.5m）まで伸ばしたい。低いと先端部が湾曲したり折れたりして、主幹の伸びが抑えられる（図4-3）。

## トレリスにかかる荷重と強度

　ロビンソン（2006）らの試算によれば、3m×1m植えの高密植園が成園になった状態での最大収量（約8t/10a）荷重を、リンゴ樹の主幹と側枝だけで支えることは不可能で、果実に加えて、強風、着雪、雨など気象要因によって加わる総荷重に耐え得る強度のトレリスの設置が望まれる。列間3m、樹間1m、樹高3mのトールスピンドル高密植栽培リンゴ園で、並木状に形成される樹冠容積量は約6,000㎥、表面積は6,700㎡になるという。また、風速30mの強風時や着雪の場合は結実量の倍以上の力が加わり、巨大ハリケーンの来襲時には10倍近い力の加わることも予想されるという。

　ハリケーンに耐え得る強度のトレリスの設置は無理としても、頻度の高い災害に耐え得る程度の強度は必要である。過去に、長野県で密植わい化栽培への取り組みを始める当初、風速40mに耐える強度を目標としたトレリスの設計が検討されたが、経費の問題もあって強度は統一されていない。

　過去の台風来襲時には、1本支柱や横ブレ防止の架線を張らないトレリス、アンカーの設置が不適切なトレリス、隅支柱と支柱を支える金具が弱いトレリス（腐食破損）などで被害が発生している。いずれも、架線が緩むことで被害をこうむることが特徴である（図4-4）。

図4-4 トレリスの強度に注意
一定間隔での横揺れ防止の架線とアンカーによる固定は必須

## 強度を高めるトレリスの構造、設置法

トレリスに用いる支柱には20〜30年の耐用年数が求められる。前述したように素材としては木材、亜鉛メッキ鉄材、コンクリートなどがあるが、イタリア・南チロルではコンクリート支柱、アメリカでは防腐剤処理木材（松）の利用が推奨されている（Robinson and Hoying, 2003. Hoying, 2012）。

ところで、樹高を高めるトールスピンドル高密植栽培の場合、トレリスは3mの結実部位を支える構造が必要となる（イタリア・南チロルでは、常襲する雹害を防ぐネットを被せるため、樹体を支えるトレリスとは別に地上3.5mほどの高さの支柱が併用されている、図4-5）。

トレリスの強度を高めるためには、支柱間隔と打ち込み深さが重要になる。

支柱間隔については、イタリアでは隅支柱を両端に設置し、間に7mほどの間隔で中支柱を立て、架線を張る方式が多い（図4-6）。アメリカでは中支柱の間隔は9m以内で用いられる。一般には、中支柱の間隔が短いほど架線の緩みは少なく、トレリスの強度もます。

隅支柱と中支柱は、4mほどの柱材を地中に1mほど打ち込んでいる。これで3mのトレリスの支柱も強度を発揮できる。

図4-5　イタリア・南チロル雹避けネットの支柱（3.5m）とトレリス（3m）

アンカー式　　　　　　筋交い式

サビ止め処理鉄材使用の例
支柱地上部3〜3.5m、地下長1mほど、中支柱の間隔は6〜7m以下。
横揺れ防止架線を頂部に張り、アンカーもしくは筋交いで固定。
架線は3〜4本（多いと強度高まる）。

主幹の固定の例
竹支柱利用（南チロル、4〜5年で劣化）
細い鉄材でトレリス強度を強める方法も

**図4-6　高密植栽培でのトレリスの固定**
アンカー式か筋交い式で隅柱を固定。右写真は主幹を竹や細い鉄材で固定する例

4章　圃場の準備と台木特性

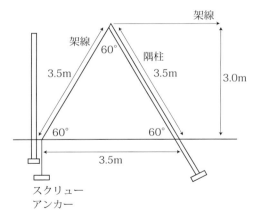

**図4-7 力学的にもっとも強い構造としてアメリカで推奨されるトレリスの設置法**
・トレリスの高さ3m、隅柱の長さ4m（地上部3.5m）
・架線で引いてスクリューアンカー等で固定、斜立したアンカーと隅柱の内角60度
・アンカーの固定部に支柱を立てて危険防止（Craig, 2012より）

　支柱と架線の固定には種々の器具が用いられるが、設置後も緩みを調節できるものが望ましい。

### 力学的にもっとも強いトレリスの構造

　コンクリート素材を用いるイタリア・南チロルの方式と異なった、強度を高めるためのトレリス構造がアメリカ・コーネル大学から報告されている（図4-7）。それによると、隅支柱は60度の内角で設置する、中支柱の間隔は12m以内とし、9m間隔ならより強度が強まること、また中支柱は90cmほどを地下に打ち込むのがよいが、その場合、支柱は掘って埋めるより打ち込み方式やねじ込み方式で強度が高まること、さらにアンカーはスクリューイン方式で90〜120cm差し込むと、もっとも強度が高まるとしている（Craig, 2012）。

　イタリアとアメリカでトレリスの構造は異なるが、要は地上部高を3〜3.5mとして、一定間隔（6〜9m）で中支柱を設置して架線が緩まないよう張って、一定の強度を保ったものとする。

### 既存園のトレリスの改造利用

　国内で既存の密植栽培園で利用されているトレリスは、地上高が2〜2.5mのものが多く、改植してトールスピンドル高密植栽培に取り組む場合には改修が必要となる。3mほどの地上高を確保して、その高さに対応した強度を確保するための補修である。

　トレリスは掘り上げて長さや強度を補強し、列間が3〜3.5mとなるように再設置するのが望ましいが、既存園のそれを改造する場合は、地上高を3mほど確保するのに対応した支柱の継ぎ足し（図4-8）やアンカー補強などの対策を行なう。

　この場合、樹ごとに設置する支柱に一定の強度と耐用年数のある素材を用いてトレリス全体の強度を保つ工夫がなされた例もある。

## 3 栽植密度の決定

### '広く植えることが失敗の基'

　わい性台木樹は栽植密度で樹の生育が大きく異なる。M9台木樹でも密植すれば樹体は小型化、広く植えれば大きく育つことが多い（図4-14参照）。

図4-8 改植で既存トレリスを利用する場合のトレリス高を高める工夫例

列間は3mほどに狭めて設置し直すことが重要

鋼管を足して高さを3mにしたトレリス　　高さ3.5mのトレリス補強

　トールスピンドル高密植栽培は、スレンダースピンドルブッシュ整枝や細型紡垂形整枝での密植栽培より密度を高めた栽培法である。この栽培を成功させるためには、高密植で植えることが必須である。

　欧米では、既存の密植栽培法に慣れ親しんできた生産者に対して、'広く植えることが失敗の基'とのキャッチフレーズで高密植栽培への挑戦が提唱されている（Middletonら、2002）。

### 基準は3m×0.8〜1.0m、品種によってはより密植も

　トールスピンドル高密植栽培のイタリア・南チロルやアメリカ・ニューヨーク州での標準的な栽植距離は、列間3m、樹間0.8〜1mである。この栽植距離は、過去数十年に及ぶ多様な栽培様式の研究成果を基に到達した基準と評価されている。

　日本では、既存園で用いられたトレリスを再利用することで、4〜4.5mの列間隔での取り組みが多い。しかし、4〜4.5mの列間では通路空間が広すぎ、園地の光線利用率を高めることが難しい。継続的には4t/10a程度の収量が限界と考えられる。今後、高密植栽培で収益性を高めるためには、列間3m、樹間0.8〜1mを標準とする栽植密度への取り組みが必然と考えられる。

### 土壌肥沃度や穂品種の違いで密度を調整

　わい性台木を用いたリンゴ樹は、気象条件、土壌条件、品種などによって生育差が生じる。そこでこれらの要素を考慮して、基準の栽植密度3×0.8〜1.0mは、列間3.0〜3.2m、樹間0.5〜1.2mの範囲内で調整する。南チロルにおける2005年の高密植栽培園の品種別栽植密度の指標は、24ページ表2-1に示されているが、最近は広い栽植距離を避けて、列間を3.0m、樹間を0.8〜1.0mの範囲とする栽植密度が多い。

　2015年秋に南チロルを訪れた際、列間2.8m、株間50cm（約700本/10a植え）の高密植栽培園を視察する機会を得た。品種はゴールデンデリシャス、定植後2年目に平均30果/樹の結果量で、反収が約5tの園地であった。南チロルでは、新品種への取り組みを中心として栽植本数を増やして早期多収を狙う新たな高密植栽培への取り組みも見られる。定植後4年ほどで8〜10t/10aの多収を得て、

4章　圃場の準備と台木特性

十数年間栽培した後に改植か継続かを決めるという考え方である。主流ではないが、新品種への取り組みのために早期多収が可能となる苗木を植えて、必要によってはショートサイクルで改植を行なう方式も成り立つ例である（図4-9）。

### 密植効果による生育の抑制
――根の伸長抑制、樹冠の競合

わい性台木樹は、栽植密度を高めると樹の生育が抑制される。この現象は'密度効果'と呼ばれ、隣接樹との競合によって互いに牽制し合って生育抑制が生じると考えられている（図4-10）。

アトキンソン（1976）は、M9台木樹の栽植密度と生育との関係を調査して、密植にするほど地上部の生育が抑制されることを示している（Atkinson and White, 1976. 図4-11）。

またアメリカ・ニューヨーク州でロビンソン（2005）が行なった密植条件での栽植密度とM9台木樹の生育に関する研究が興味深い。樹の生育量を示す最良指標とされている幹断面積の比較では、疎植条件（100本/10a植え）と密植条件（300〜500本/10a植え）で3倍の差が生じ、密度効果による生育抑制効果が明らかである（図4-12）。

**図4-9 スパータイプの品種は3.0×0.5mで栽培（イタリア・南チロル）**
シナノゴールドもスパータイプの特性に似るため、やや狭い樹間隔でよい。ただし、土壌の肥沃度で樹間隔を調節する

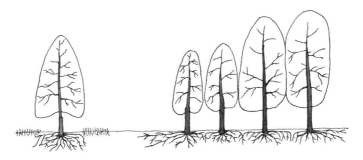

○通常の並木植え栽培
樹冠下清耕・通路早生が基本
根は、清耕部分に集中

○トールスピンドル密植栽培
根は隣接の根と接して下方に伸びる
根の伸長が抑制され、地上部も抑制

**図4-10 わい性台木樹の根の抑制による密度効果**
広く植えると樹は大きく育ち、狭く植えると小さめに育つ。
理由は根の生長にある！ 根の生育が制限されることで地上部の生長が影響される

これらの成果から、M9台木樹を用いて早期多収を目指すリンゴ高密植栽培では、フェザーの発生した苗木を用いて、過繁茂を恐れずに高密植条件（列間3m×樹間0.8〜1mが標準的）で植えることの重要性が理解できる（図4-13）。

## 樹冠下清耕、通路草生管理による生長抑制

　わい性台木リンゴ樹は、隣接樹の根や雑草の根との競合がない条件では旺盛な生育を示す。図4-14は、広い畑に植えられた35年生のM9台木リンゴ樹の根を調査した結果である（Atkinson, 1973, 1980）。根が樹冠の数倍

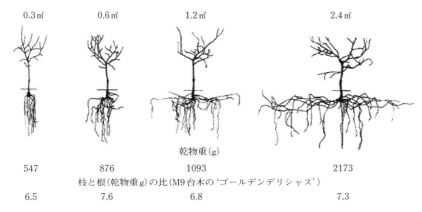

**図4-11　リンゴわい性台木樹の栽植密度と生育**（Atkinsonら, 1976）
密植が根の生育を抑制、結果的に地上部も抑制される「密度効果」は、広めに植えると効果が得られずに強勢になる

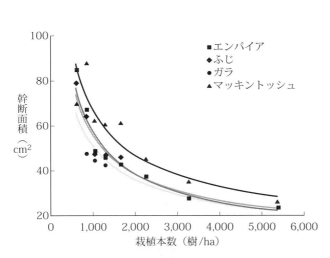

**図4-12　密植栽培での密度と幹断面積の比較**（Robinson, 2005）
密度が高いと幹断面積が小さくなる（密度効果で樹体が小型化する）

**図4-13　側枝を下垂誘引するトールスレンダー整枝は樹冠幅が狭くなる**
広めに植えると早期に空間が埋まらない。樹間隔1m植えの'シナノスイート'。80cmほどでもよいか？

図4-14 樹令35年生のM9台木樹の根群の広がり
(Atkinson, 1973)

栽植距離20m以上で、隣接樹との競合はない。このように広い面積に1本植えておくと、根は樹幹の倍以上の広がりを見せる。樹体も密植条件より大きく育つ

図4-15 密植並木植えわい性台木樹の根の伸長方向と肥大
(小池、1993)

隣接樹との競合を避け(左右)、通路側(手前)に根が張って太る

に広がり、地上部も大きく育っている。一方、図4-15は、密植栽培条件でのわい性台木樹(5年生樹)の根群を調査した結果であるが、根は地表から30cmの深さに90％ほどが分布して、隣接樹の根との競合を避けて通路(手前)側に伸びていることがわかる(小池、1993)。

また、密植並木植え条件での草生管理と清耕管理による根の分布調査(Atkinson and White, 1976)から、わい性台木樹は草の根との競合によって樹勢が抑制気味になる。わい性台木樹の根は大半が樹冠下の清耕部に集中し、草生部(通路)では草の根との競合を避けて地下深くに伸びるが、根量は少ない(図4-16)。

このことから、高密植並木植え栽培では、樹冠下を清耕(除草剤などによる)管理し、通路は草生管理することが重要である。また若木の間は、定植後3～4年間の根域の除草管理が重要になる。樹冠下の除草を怠ると水分や肥料を雑草に優先的に吸収されてしまうからである(Atkinsonら、1977)。

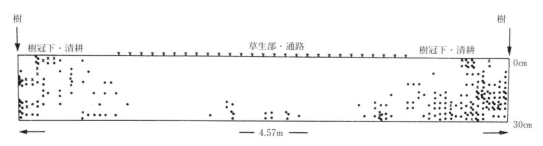

図4-16 密植並木植え園(樹冠下清耕・列間草生)のリンゴ樹の根の垂直分布 (Atkinsonら、1977)

## 4 トールスピンドル密植栽培で用いる台木

過去60年間以上、世界のリンゴ生産者は密植栽培でMalling系台木を用いてきた。今日、世界に広がるリンゴ高密植栽培ではM9台木の利用が多く、M9システムとも呼ばれるほどである。

### リンゴわい性台木の種類と特性

わい性台木の歴史は、20世紀初めにイギリスのイーストモーリング（East Malling）試験場のハットン（Sir Donard Hatton）らが、台木育種を目的としてズーサン、メッツ、パラディーなどのわい性リンゴを収集して系統選抜したことに始まる。これらの系統にはMalling番号が付けられ、後にM系台木と呼ばれるようになった。M系台木は特性によって、極わい性、わい性、半わい性、半きょう性、きょう性、極きょう性にグループ分けされ、普及、奨励された（Tukey, 1964）。

1960年代、M系台木の利用が広がり、当初はM7やMM106など半わい性台木を用いた半密植栽培が普及した。その後、省力化を目指した密植栽培の技術確立に伴って、M9やM26などのわい性台木の利用が増えた（表4-1）。本書で紹介している高密植栽培では、ウイルスフリー系統として選抜されたM9台木の利用が基本となっている。一方、M9台木には、材質が脆く、湿害や凍害に弱い等の欠点もある。新台木の育成を目指した育種が世界各国で取り組まれており、ウイルスフリー系統を含めて多くのわい性台木が育成されて、その適応性が検討されている（表4-2）。

表4-1　主要なM系台木の来歴と特性　　　　　　（Tukeyより抜粋、1964）

| 台木名 | 両親 | 選抜年 | 樹勢 | 特　性 |
|---|---|---|---|---|
| M7 | 不明 | 1912 | わい性～半わい性 | 発根良、繁殖力不良、ヒコバエ発生多、広範囲の土壌条件に向く、根頭がんしゅ病罹病性、早期結実性 |
| M9 | 〃 | 1914 | わい性 | 発根やや良、繁殖力不良、根は脆弱、倒伏しやすい（支柱必要）、土壌条件のよい場所に適す、早期結実性 |
| M26 | M16×M9 | 1929 | わい性 | M.9とM.7の中間、発根良、繁殖力良、倒伏しやすい |
| M27 | M13×M9 | 1929 | 極わい性 | M.9より小、早期結実性 |

注）いずれも育成選抜は、イーストモーリング試験場

表4-2　世界で育成されたリンゴのわい性台木

（Webster, 1993. Robinson, 2011）

○極わい性台木
　M27, M20（イギリス）。J-TE-G（チェコ）。G65（アメリカ）。B491（ロシア）。BM527（スウェーデン）。P22, P59, P61, P66（ポーランド）。V3（カナダ）。Voninest2（ルーマニア）。
○わい性台木
　M9, M8（イギリス）。J-TE-E,J-TE-F,J-OH-A（チェコ）。B9,B469（ロシア）。JM1, M7（日本）。Jork9, Suporter1, Suporter2, Suporter3（ドイツ）。Ottawa3, V.1（カナダ）。P2, P16, P60, P62, P63（ポーランド）。Mark,G16, CG3007, CG3041, CG4013（アメリカ）。SJP84シリーズ（カナダ）。AR120-242, AR295-6, AR489-1,AR680-2, AR852-3（イギリス）。
○半わい性台木
　M26（イギリス）。P1, P14（ポーランド）。Suporter4（ドイツ）。B62-396（ロシア）。Bemali（スウェーデン）。G5935, G11, G202, G179, G30（アメリカ）。AR801-11（イギリス）。V7（カナダ）。J-TE-H（チェコ）。JM2（日本）。

注）G30, G16, G6210, G202は火傷病抵抗性、CG3041は火傷病と疫病抵抗性

表4-3 4年生わい性台木樹'ふじ'の生育と果実生産

(長野果樹試、2000)

| 台木 | 樹高(cm) | 幹断面積(cm²) | 収量(kg/樹) | 生産効率$^z$(kg/cm²) |
|---|---|---|---|---|
| M9ナガノ | 305 | 12.7 | 2.3 | 0.18 |
| M9VF157$^y$ | 286 | 13.0 | 3.6 | 0.28 |
| M9T337 | 280 | 11.2 | 3.5 | 0.30 |
| M9FL56 | 283 | 11.9 | 3.6 | 0.30 |
| Pajam 1 | 289 | 12.1 | 3.7 | 0.31 |
| JM7 | 308 | 17.9 | 7.1 | 0.41 |

注) z；収量／幹断面積、y；長野果樹試ウイルスフリー化系統

## さまざまなM9台木の系統

そもそもM9台木は、1879年にフランスで偶発実生として選抜された。欧州では、Jaune de Metz、Yellow Metz、Yellow Paradise of Metz、Dieudonneなどの名称で呼ばれて庭園果樹用の台木などに用いられていたが、前出のハットンによってEMⅨ(その後M9)と命名された(Webster, 1993)。

M9台木には潜在ウイルスをフリー化したM9EMLA、M9A、M9T337、パジャム(Pajam)系統などがある。オリジナルのM9から派生した多くの系統は、植物体の栄養生長段階(生育相)によって生じる外部形態や、繁殖力の差異に基づいて選抜されたものが多い(Wertheim, 1998)。

生育相での区別では、幼若期の形態特性(1年生枝は発根が優れ、棘が発生しやすく、花芽が着生しにくく、深く明確な鋸歯の葉をつける)を示す系統としてM9N29、Pajam1、M9FL56が記載されている。幼若期から老熟期への過渡期の特性を示す系統にはM9T337、老熟期の特性(1年生枝は枝が太く、花芽が着生しやすく、切れ込みの浅い不明瞭な鋸歯の葉をつける、発根が劣る)を示す系統に、オリジナルM9、M9EMLA、Pajam2などが記載されている。

この間、先述したM9EMLA台木(M9Aをフリー化)は、オリジナル系統に比較してわい化効果が極端に劣るという特性変化が生じ、M9オリジナル系統を再度ウイルスフリー化してEMLA台木を育成し直したという経過、また日本国内で流通したM9A台木のわい化効果の劣ることが各地で報告されて、異系統と判断された経過もある。

## M9T337とM9ナガノVF157

現在、世界の密植・高密植栽培でもっとも多く利用される系統はM9T337(オランダ育成)である。フランスではPajam1、ベルギーではNIC29なども利用される。

わが国では長野県で、温熱処理によってACLSVフリーM9を育成、20年間の特性試験によって優れたわい化効果と果実生産効率を明らかにした後、系統名をM9ナガノと命名して、普及、奨励した(小池、1993)。その後、温熱処理と組織培養技術を組み合わせる方法で既知ウイルスフリーを確認したM9ナガノVF157が、長野県果樹試験場で育成された。M9ナガノVF157から、さらに根頭がんしゅ病フリー個体が選抜されて母樹の維持が行なわれている。

このM9ナガノVF157と欧州から導入されたM9台木の3系統とを比べたところ、わい化効果などに差はあまりなく(表4-3)、また、M9ナガノVF157は老熟期の生育相を示す系統であることが報告されている(玉井ら、2002)。

## 新しいわい性台木のトールスピンドル高密植栽培への適性

国内では、新台木の育種が農研機構果樹茶業研究部門、青森県りんご試験場、長野県果

表4-4　M9ナガノ、JM7、M9ナガノ/マルバカイドウ中間台木樹'ふじ'の生育比較　　（Tamaiら、2003）

| 台木 | 幹断面積(cm²) | | 収量/樹(kg) | | 収量/10a換算(t) | |
|---|---|---|---|---|---|---|
| | 5年目 | 8年目 | 5年目 | 8年目 | 5年目 | 8年目 |
| JM7 | 71.6a | 103.8a | 43.7a | 65.6b | 5.45a | 4.13c |
| M9VF157 | 44.9c | 82.8b | 34.2a | 47.1c | 4.36b | 58.8a |
| M9/マルバカイドウ | 61.2b | 102.6a | 45.6a | 79.2a | 5.69a | 49.9b |

注）M9台木区はM9ナガノ台木を使用栽植距離4.0×2.0m並木植え
　　JM7台木区とM9/マルバカイドウ中間台木区は、5年目の冬に1本ごとに間伐
　　同一英数字の平均値は統計的な有意差のないことを示す

表4-5　アメリカ・ワシントン州における新台木とM9台木系統の比較

（穂品種'ふじ'5年生樹の生育差）

| 台木 | 幹断面積cm² | 生育比% | 正式台木名 | 成・選抜国 |
|---|---|---|---|---|
| M27 | 9.1 | 41 | Malling 27 | イギリス |
| P22 | 9.7 | 44 | Polish 22 | ポーランド |
| P16 | 12.4 | 56 | Polish 16 | ポーランド |
| M9FL56 | 15.2 | 69 | Malling 9 Fleuren 56 clone | オランダ |
| CG10 | 18.6 | 85 | M.9 original nonvirus-free clone | イギリス |
| V3 | 19.4 | 89 | Cornell-Geneva 10 | アメリカ |
| M9B984 | 21.0 | 96 | Malling9; Burgmer 984 clone | ドイツ |
| P2 | 21.5 | 98 | Pollish 2 | ポーランド |
| B9 | 21.8 | 99 | Budagovsky 9 | ロシア |
| M9J337 | 21.9 | 100 | Malling9; Janssen 337 clone | オランダ |
| M9T337 | 21.9 | 100* | Malling9; NAKBT 337 clone | オランダ |
| M9Pajam | 25.0 | 114 | Malling9; Pajam 1 clone | フランス |
| M9Nic29 | 25.8 | 118 | Malling9; Rene Nicolai 29 clone | ベルギー |
| Mark | 27.4 | 125 | Michigan Apple Clone（MAC9） | アメリカ |
| M9E | 30.1 | 137 | Malling9; East Malling EMLA clone | イギリス |
| M9B756 | 31.1 | 142 | Malling9; Burgmer 756 clone | ドイツ |
| MAC39 | 32.4 | 147 | Michigan Apple Clone（MAC39） | アメリカ |
| M26E | 30.1 | 137 | Malling26; East Malling EMLA clon | イギリス |
| V1 | 37.3 | 170 | Vineland 605-1 | カナダ |

注）幹断面積：接ぎ木部上25cm（生長量判断の最良指標）
　＊生育比：標準台木M.9T337樹に対する大きさ比較

樹試験場などで取り組まれており、JM系台木や青台系統の実用化が始まっている。

JM台木では、繁殖性（挿し木法）とわい化効果の優れるJM7が注目されている。しかし、JM7台木は現地を中心とした十数年に及ぶ取り組みから、M9台木に比較して強勢を示すことが明らかとなりつつある（Tamaiら, 2003. 表4-4）。

欧米の新わい性台木では、ニューヨーク州立大学育成のGeneva台木が注目される。わい性〜半わい性を示すG65、G41、G16、G202、G30などが火傷病抵抗性台木として高密植栽培への適応性が検討されている。また、ポーランドで育成されたP16、ロシアで育成されたB9台木などが耐寒性の優れる台木として極寒冷気地域で使用されている（Robinson, 2011）。

しかし現在は、リンゴ属植物を火傷病の感染の認められている国から導入することが禁止されているため、上記の台木を導入して国内で使用することは難しい（表4-5）。

# 5章
# 台木(M9)繁殖の実際

高密植栽培では多くの苗木を必要とする。ここでは苗木の自家生産を含めてその前段たる台木繁殖の実際について紹介する。

## 1 樹木の生育相と発根性

### 過渡期、老熟期の生育相の系統から育成したM9T337、M9ナガノ

一般的に、樹木は幼若期、中間(過渡)期、老熟期と呼ばれる過程を経て生長する。モモ・クリ3年、カキ8年といわれるように、果樹は花芽が形成されない期間(幼若期)を経て生長する。また、樹齢が進んだ樹木は体内に幼若期の生理特性を保った組織が残り(図5-1左)、幼若期の特性を示す組織から発生した新梢は発根しやすいことが知られている。

M9台木は、前章で述べた通り、中世のフランス庭園での利用が記載されるほど古く、老熟期の生理特性を示す(Wertheim, 1998)。このことは、実生台木などに接ぎ木したオリジナル系統のM9に花芽の多いことから理解できる(図5-1右)。このうち、オランダで選抜されたM9T337は生育相が中間的(過渡期)

図5-1　樹木の生育相と発根性

樹木は樹体内に幼若相、中間(過渡)相、成熟(老熟)相と呼ばれる組織を維持している(左上)。そのため、取り木などを継続すると陰芽や潜芽から発生する新梢に変異の生じることがある。
M9T337は中間相、M9ナガノは老熟相の特性を示す(右上)。老熟相の系統は、実生などに接ぎ木すると花の咲くことが多い

の特性を示し、わい化効果や繁殖性が優れることから世界でもっとも利用率の高い系統として普及した（Wertheim, 1997）。

M9台木の横伏せ取り木法では、毎年新梢を短く切り詰めて母株から多数の新梢を発生させる。これらの新梢の中には、幼若期や中間的（過渡期）の生育特性をもつもの（若返ったもの）が含まれる。そのため生育相の異なる多数のM9台木の系統が選抜されてきた（53ページ、表4-5参照）。

長野県で育成されたウイルス（ACLSV）フリー系統のM9ナガノは、老熟期の特性を示す系統であるが、黄化処理を併用することで高い発根率が得られる（玉井ら、2002）。また、ウイルスと根頭がんしゅ病フリー系統として育成されたM9ナガノVF157も、老熟期の生理特性を示す系統とされている。

### 黄化処理による発根促進

M9台木の繁殖（横伏せ取り木法）では、発根の優れる系統を用いることが望ましいが、老化した生理特性を示す系統では遮光処理（エチオレーション・黄化処理と呼ばれる）が必要になる。葉の付け根や休眠枝の芽の上下部に根原基を形成させることで、実用的な発根率が得られるからである（Bassuka and Maynerd, 1987）。

M9台木を長く露出させて植えたリンゴ樹の台木部（地上部）に、バーノット（気根束）が多発することがある（Wertheim, 1998）。バーノットとは木部の随につながる根源基（図5-18参照）の塊で、ここに盛り土すると多数の根が発生する。このバーノットの発生も、樹冠が広がって台木部が遮光されたことによるエチオレーション効果である。

台木の地上部にバーノットができた樹では養水分の流れが阻害され樹勢は抑制されるが、発根性の劣るM9台木の繁殖においてはこのエチオレーション効果を活かす黄化処理が重要である。

## 2 台木繁殖は取り木で行なう

### 取り木と横伏せ取り木

取り木法には、母株を植えて、毎年短く切り返して新梢を発生させて盛り土を行なう方法（取り木法）、母株を横に倒して発生する新梢に盛り土を行なう方法（横伏せ取り木法）などがある。横伏せ取り木法は、取り木法より植え込む母株数が少なく、新梢の発根率も優

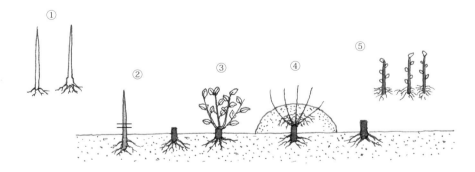

**図5-2　M9台木の取り木繁殖法（模式図）**
①植え付け：M9台木（発根母株）や、M9/実生台木（接ぎ木で育てた母株）
②直立に植えて地表部で切り返す
③新梢発生
④盛り土して、発根を促す
⑤発根台木の切り取り

れるため、落葉果樹の繁殖に用いられることが多い(図5-2、図5-3)。

### 横伏せ取り木法の基本技術

横伏せ取り木法は、母株を斜めに植え、母株を生育途中に地表面まで倒す。そして母株から発生するシュートに土寄せ・土盛りを行なって発根させる繁殖法である(図5-4)。

欧米では、わい性台木の大半が横伏せ法取り木で繁殖される。M9台木は、組織培養法や黄化処理を組み合わせた緑枝挿し法などでも繁殖できるが、もっとも効率的なのがこの方法だとされている。

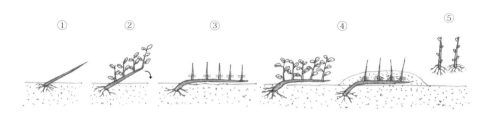

**図5-3 M9台木の横伏せ取り木法（模式図）**
①M9台木母株・実生接ぎ木苗木の植え付け(斜めに倒して植える)
②1年目：発生する新梢を放置
③2年目：発芽前・新梢を株元で切る
④新梢の発生　新梢に盛り土して発根させる
⑤発根台木の切り取り

**図5-4 横伏せ取り木法によるM9ナガノ台木の繁殖の方法**
①母株の植え付け、②横伏せ、③土寄せ・盛り土、④発根、⑤掘り上げ

## 3 母株の各種育成法

### 取り木用母株（M9）の育成法

ウイルスフリー苗木の認証制度が定着している欧州では、スーパーエリート規格と呼ばれる中核素材のM9から増殖された原母株を購入して母株を植え込むことが一般的である。イタリアでは、第2章3で示したように、ウイルスや根頭がんしゅ病フリーの母株が用いられる。日本国内においてもウイルスフリーと根頭がんしゅ病フリーの母株の利用が望まれる。

### 接ぎ木による母株の育成

母株の育成には、取り木法や横伏せ取り木法で発根させたM9台木を用いる方法、リンゴの実生台木にM9を接ぎ木して育てる方法などがある。

実生に接ぎ木をしたM9台木を母株として植えた場合は、実生台木から発生するヒコバエを抜き取る作業に手間を要する。可能であれば、発根したM9台木を母株として用いることが望ましい。

### 実生台木の育成とM9の接ぎ木による母株育成

母株のウイルスや根頭がんしゅ病への感染リスクを回避するためには、挿し木で繁殖したマルバカイドウ（根頭がんしゅ病の感染状況が不明）を母株育成の台木に用いないことが望ましい。国内では、根頭がんしゅ病フリーが保証されて販売されるマルバカイドウ台木は少ないためである。根頭がんしゅ病や潜在ウイルスの罹病リスクの回避には、リンゴの種子を播いて育てた実生を台木に用いることが望ましい。

実生は、リンゴの果実から採取した種子から育てる。成熟したリンゴの果実から採取した種子は休眠状態にあるため、秋に播いても

図5-5　実生台木に揚げ接ぎしたM9ナガノVF157

図5-6　M9ナガノVF157取り木母株の養成
実生に接ぎ木して定植。接ぎ穂に多くの花が咲くが、これは枝が老熟相の生理状態の証拠、この花は摘み取る。盛り土せずに1年かけて母株を養成し、横伏せ取り木の母株とする方法がよい

発芽しない。採取した種子をベンレートなどにまぶして殺菌処理を行なった後、ジップロックのビニール袋などで封印して4月頃まで冷蔵保存（1～3℃）した後、ポリポットに詰めたピートモスの用土に播種する方法がある。

発芽した実生は、6月頃にポリマルチをした畑に移植して肥培管理を行なえば、落葉期には接ぎ木が可能な大きさに育つ。落葉後に掘り上げて仮植するか、もしくは厚めのポリやビニール袋に入れて根の乾燥を防いで1～3℃で冷蔵しておけば、翌年2～3月に室内でM9を接ぎ木できる（揚げ接ぎ、図5-5）。接ぎ木した苗木はビニール袋で密封して冷蔵し、4月下旬～5月上旬に苗圃に植え、母株として養成する（図5-6）。

**図5-7 M9T337台木の横伏せ取り木園（イタリア・ベネチア近郊、定植後8年目）**
横伏せ取り木列1m当たり50本の発根台木の切り取りが可能な状態。20年間ほどの継続が目標とのこと

**図5-8 定植後2年目の春に横伏せした枝から発生した新芽**
定芽から発生した新梢が多い（やや発根率低い）。毎年、切り込みを続けて陰芽・潜芽からの新梢が多くなると発根率は高まる

**図5-9 横伏せ取り木法の母株からの発芽**
A：定芽から発芽（早く、強く、発根劣る） --->
B：陰芽・潜芽からの発芽 ⟶
　　（遅く、太くなく、発根優れる）

## 4 取り木床への母株の定植（横伏せ取り木法）

### 圃場の条件

横伏せ取り木法では、母株を伏せ込んで15年以上継続して利用できる（図5-7）。ただし、排水と通気性がよく、腐植に富み、礫の少ない土壌条件であることが重要である。また、樹木の栽培歴がなければ、根頭がんしゅ病や紋羽病の汚染リスクが少ない。水田跡地は根頭がんしゅ病のリスクが少ないが、土壌の通気性確保と滞水を避けるため、耕盤の破砕を行なう。

### 母株の植え付けタイミングは発芽前

発根したM9台木や、実生に接ぎ木して育てたM9を母株として植え付ける場合は、発芽前に行なうことが重要である。また、植え付け日は後1週間ほどの天気予報を見て判断し、晩霜による接ぎ木部（カルス）の凍害を回避するよう努める。

### うね間と株間、植え付けの深さ

うね間は90～120cmほどが一般的である。狭いほど植え付け本数を多くすることができるが、土寄せや覆土処理に用いる管理機の大きさに適合する広さが望ましい。

植え付けは、地表との角度が30～45度になるよう斜め植えにする。そのままで1年間養成して水平に倒す方法もあるが、植え付け後、根付いて新梢が伸び始める頃に針金やU字金具を用いて株全体を水平に横伏せにしてやると、発芽の揃いがよくなる。この

場合の母株の植え付け深さは、横に倒した状態で地表面すれすれか、やや深めに植え付ける。このことは通気性の確保や深植えによる生育障害の回避のために重要である。

### 母株は長さを揃える

株間は30〜45cmが一般的であるが、母株が長いと新梢発生がまばらになりやすいため30cm程度に切り揃える。

### 母株の養成年数と盛り土

植え付け後1カ月ほど経過して根の活着した頃、株が隠れない程度に株元に土寄せをすると乾燥や日焼けの回避ができる。また、尿素や硫安を株元に施肥する。植え付けた年の施肥量はチッソ成分で5kg/10aほどが目安となる。

定植後2年目は、発芽前に前年伸びた枝を切って新梢の発生を促す（図5-8）。母株からは多数の陰芽や潜芽が発生（図5-9）するのがよく、そのためには前年発生した枝に定芽（目視できる芽）を残さないように短く切る。定植後2年目から新梢へ盛り土をして発根処理を開始する。

**図5-10　横伏せ取り木法における黄化処理**（モミガラ利用、M9台木）
この後、土寄せと盛り土を数回行なう

**図5-11　母株の定植後3年目の新梢の発生状況**（M9台木）
この時期よりやや早くモミガラで黄化処理を開始するとよい

## 5 発根促進処理・黄化（エチオレーション）の実際

### ただ土をかけるだけではだめ

M9台木の横伏せ取り木法では、ピートモスやモミガラなどで黄化処理を行なった後に盛り土をすると良好な発根が得られる（図5-10）。具体的には、母株や接ぎ穂から発生した新梢が5〜10cmほど伸びた頃、新梢の基部3〜4cmにピートモスやモミガラなどを寄せて（盛って）、葉と茎部（芽の上下が重要）を遮光する。母株から新梢が発芽する時期にピートモスやモミガラを5〜7cm被せて、新梢がピートモスやモミガラの層を貫通して伸長してくる間の遮光（黄化）効果によって根原基を形成させる方法もあるが、モミガラなどの温度上昇によって新芽が焼けたり、高温障害が生じたりすることがあるため、一般的ではない（図5-11）。

黄化処理には、黒色プラスチックやテープで覆うBandingと呼ばれる方法もあるが、欧米では黄化処理の素材にピートモスを用いることが多い。ピートモスは盛り土内の通気性の改善に効果的で、発根量を増やす効果も高いという。

5章　台木（M9）繁殖の実際

## 盛り土の回数、時期、盛り土資材ほか

発根を促すための盛り土は、新梢の伸長に応じて数回（3回ほど）に分けて行なう。6月初めに1回、2週間間隔で2〜3回繰り返す方法が一般的である。盛り土はこの開始時期と程度が重要である（図5-12）。数回に分けて行なう盛り土では、光合成を行なう新梢の半分程度を地上部に確保するよう注意する。

そして、最終的に新梢基部が20cmほど土中になる程度がよい。盛り土が多すぎても発根量が増えるわけでなく、掘り取り作業が大変になるだけなので注意する。

作業には、土壌管理機を用いて土寄せを行ない、手で株元を抑えて新梢を土と密着させる。その際、横に広がった新梢を立ち上げながら盛り土を押さえると、新梢の曲がりを防止できる。

**図5-12 盛り土は数回に分け、新梢の基部1/3〜1/2に処理する（M9台木）**
一時に深く盛ると、光合成が減って新梢が伸びない

横伏せ取り木床2年目のシュート
太く、節間が短い

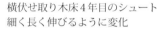

横伏せ取り木床4年目のシュート
細く長く伸びるように変化

**図5-13 横伏せ取り木法でのシュートの形態変化（M9ナガノ台木）**
毎年切り返し、陰芽や潜芽からの発生を繰り返すうちに、シュートは細めに長く伸びるようになり、葉の鋸歯の切れ込みも深く鋭くなる。
また、シュート先端部への花芽形成も認められなくなる。発根率も向上。内生ホルモンの変化によると考えられる

発根には、植物体に接触する盛り土内の温度、通気性（酸素）、水分などが関係する。したがって過湿と過干を避ける管理が重要となる。また、横伏せ取り木法では一般に発根率が年々向上してくるが、これには年々増えてくる強勢な新梢でつくられるオーキシン濃度が関係していると考えられている（図5-13）。

# 6 取り木床の管理

**図5-14　横伏せ取り木での盛り土内での発根状態（M9ナガノVF157、10月）**
通気性がよいと発根が優れるが、過湿にすると発根率が劣る

### 雑草防除
——盛り土直後に土壌処理型除草剤を処理

イタリアやオランダの苗木商の横伏せ取り木圃場を訪ねて感じるのは、雑草がほとんど見られないことである。盛り土が完成した直後に土壌処理型除草剤を散布し、それが遅れて雑草が発生した場合は、登録のある茎葉処理剤のプリグロックスLと土壌処理剤のロロックス水和剤等を混ぜて散布することで効果的に雑草が抑えられ、手作業による草とりが回避できる。

### かん水
——葉のカール症状が見られてからでよい

乾燥しやすい土壌ではかん水も必要だが、盛り土内は比較的乾燥害を受けにくく、水田跡地など排水に問題のある圃場では過湿のほうが問題になる。

また、盛り土内での発根には通気性の確保が重要なので（図5-14）、かん水は、土の乾き具合や新梢の生育状況を観察して、乾燥の影響で生じやすい葉のカール症状などが認められるようになったら行なう程度でよい。

### 施肥
——チッソは春先に、夏〜初秋は生育を見ながら

母株を植え付けた年は、根の活着後（6月頃）にチッソ成分で5kg/10aほどの化成肥料を施肥する（前述）。2年目以降は、チッソ成分で10〜15kg/10aを春先に施用する。また、新梢の生育が劣る場合は、春から夏にかけて速効性肥料を追肥する。秋に尿素（0.3％）を葉面散布する方法も効果的であるが、過剰なチッソ施肥やチッソの遅効きは落葉時期を遅らせるとともに耐凍性の低下にもつながる。夏季から初秋のチッソ施肥は、生育状態を観察して判断する。

なお、イタリア・ベローナ近郊のM9台木横伏せ取り木圃場（ブラウン苗木商）を訪れた際、秋根の発根が増える9月にリン酸肥料を追肥すると発根量が増えるとの説明を受けた。

### 病害虫防除
——白絹病とギンモンハモグリガに注意

横伏せ取り木で注意したい病害虫は白絹病とギンモンハモグリガである。白絹病の防除は、春先に噴霧器を用いて母株の覆土を洗い流す際、フロンサイドフロアブル2,000倍溶液を用いると効果的である。その他、果実だけの被害防止用薬剤を除いて、発生予察情報や観察をもとにした病害虫防除を実施する。

# 7 発根台木の切り取り

### 採集適期と方法

発根した台木は、落葉後に母株から切り離して利用する。落葉果樹の苗木と同様に、落葉後に耐凍性を獲得した状態で母株から切り離すのが理想である。最近は、温暖化の影響で落葉が遅れ、地面が凍結してからの作業になるなどの問題が生じている。

欧米では、10月下旬〜11月上旬にキレート銅剤を散布して11月中に落葉させることで、掘り上げを年内に終わらせることが一般的である。

イタリアやオランダの大規模圃場では、トラクター等に装着したカッターを用いて盛り土を排除しない状態で台木を母株から切り離す方法も用いられている。

国内では、野菜の管理機や鍬などで盛り上げたうねの両脇の土を少量外し、台木を横に倒してかき取る方法で簡易に掘り取っている

**図5-15** 横伏せ取り木圃場での切り取り作業（M9ナガノVF157）
盛りうねの両側の土を鍬一つ程度除く

**表5-1** M9台木の横伏せ取り木法での1m当たりの発根台木数　　（イタリアBraun苗木商）

| | |
|---|---|
| 母株定植年 | 0本 |
| 定植後2年目 | 15本 |
| 〃　3年目 | 50本 |
| 〃　4年目 | 100本 |

（図5-15）。この場合、発根の劣るシュート（新梢）は折れにくいため、母株の組織を傷めないように鋏やノコギリで切り取り、収穫する。

### 発根した新梢は発生部付近で切り取る

発根した新梢を鋏やノコギリで切り取るときは、新梢基部の定芽（当年度に形成された芽）を残さずに発生部付近で切り取る。この処理を毎年繰り返すことによって、母株からは木質部内の陰芽・潜芽と呼ばれる芽から発根性の優れる新梢が多数発生するようになる（図5-9参照）。

### 取り木母株・床の生産力
──年次別収穫台木

母株は、植え付け後5〜6年ほどの間は徐々に新梢発生数が増加して、その後の15年間ほど一定数の新梢が発生する。その数はかん水や肥培管理等で異なる。一般的な横伏せ取り木床1m当たりの収穫量は表5-1の通りで、肥培管理、病害虫・雑草駆除などが問題なければ、これに近い収穫量を20年ほど継続できるという。

### 発根台木の選別
──太さ別基準と選別利用の区分

取り木床から収穫したM9台木（発根した新梢）は、茎の太さと発根程度によって選別し、各種苗木の育成に用いる。苗木の生育は、台木と穂木に蓄えられた貯蔵養分の多少で異なるため、台木の太さを揃えて用いることが重要となる（図5-16、図5-17）。

イタリアでは、太い（基部から20cmの径が11mm以上）M9台木が、9カ月育成フェザー苗木の育成を目的とした揚げ接ぎに用いられる。また、径9mm以上の台木は揚げ接ぎ用、細い台木は春植えして芽接ぎ（秋季）に用いられる。

われわれの経験では、径7〜8mmの太さの台木を用いれば、良質1年生（9カ月育成）フェ

**図5-16　発根したM9ナガノVF157**
（掘り上げた状態）

台木は太いものが貯蔵養分が多く、生育が優れる。太すぎる台木は接ぎ木などに適さない。根はある程度出ていれば使用できる

**図5-17　掘り上げたM9ナガノVF157台木の調整**

苗木の生育を揃えるため、太さ別に分類して台木に利用する

 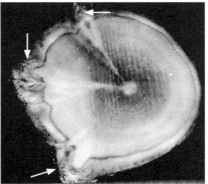

**図5-18　発根が少なくても根原基が形成されていれば、台木として使用できる**

取り木したM9ナガノVF157台木の発根状態の比較（左）。発根の少ないものも、基部にコブ状の突起（根原基）が見える（右）。
一定の太さの台木は接ぎ木に使える。定植後の土壌の通気性と水管理が重要（ポリマルチがよい）

5章　台木（M9）繁殖の実際

ザー発生苗木が育成できる。その場合、揚げ接ぎした苗木を、白黒マルチを用いて15〜20cmの間隔で植えて適切な肥培管理を行なうことが条件となる。発根量の多いものが最良ではあるが、台木の発根量が少なくても、基部に根原基が形成されていれば（コブ状の突起で確認）、ポリマルチや定期的なかん水管理を行なうことで良質苗木の育成に利用できる（図5-18）。

細い台木は春植えして育て、秋の芽接ぎや冬季の揚げ接ぎに用いられることが実用的である。

発根量の多いM9台木は、長く伸びた根を5cmほどに切り揃えると定植時の根の植え傷みが回避できて、細根の発根量も多くなる（図5-19）。アメリカの苗木商が一般的に用いる方法で、マルチ栽培での植え付けにも好都合である。

### 台木の保存方法と注意点

掘り上げたM9台木は春まで冷蔵する。その場合、乾燥防止と冷蔵温度（1〜3℃）が重要である（図5-20）。

また、苗木や穂木は冷蔵中にエチレンガスの害を受けやすいため、リンゴなどの果実と一緒に貯蔵保管しない。過去に、リンゴを貯蔵した冷蔵庫を空け、換気もせずそのまま貯蔵した台木や苗木が、植え付け後に発芽せず、大被害となることがあった。冷蔵庫内を換気してエチレンガスを排除してから搬入する注意が必要である。

## 8 根頭がんしゅ病対策

### マルバカイドウの挿し木台木への接ぎ木が危険

M9台木の繁殖圃場では根頭がんしゅ病が大発生することがある。

2000年代当初、マルバカイドウ台木にM9

**図5-19　発根したM9台木（太く、貯蔵養分多い）**
揚げ接ぎに用いる場合、根を切って細根の発生を促す方法もある（右）

**図5-20　長期に冷蔵保存する場合は、殺菌剤に浸漬処理した後に袋で密封して冷蔵する**
乾燥防止に厚手のビニール袋に入れる（M9ナガノVF157台木）

**図5-21　根頭がんしゅ病に罹病したM9台木苗木のコブ症状**
マルバカイドウ台木に接ぎ木して繁殖したM9台木に発生が多い。また、連作を行なった畑で発生が多い

郵 便 は が き

# ３３５００２２

おそれいりますが切手をはってお出し下さい

（受取人）
埼玉県戸田市上戸田
２丁目２−２

農 文 協

読者カード係

行

◎ このカードは当会の今後の刊行計画及び、新刊等の案内に役だたせていただきたいと思います。　　　　　　　　　はじめての方は○印を（　　　）

| ご住所 | （〒　　−　　）<br>TEL：<br>FAX： |
|---|---|

| お名前 | 男・女　　　歳 |
|---|---|

E-mail：

| ご職業 | 公務員・会社員・自営業・自由業・主婦・農漁業・教職員（大学・短大・高校・中学・小学・他）研究生・学生・団体職員・その他（　　　　　　　　） |
|---|---|
| お勤め先・学校名 | 日頃ご覧の新聞・雑誌名 |

※この葉書にお書きいただいた個人情報は、新刊案内や見本誌送付、ご注文品の配送、確認等の連絡のために使用し、その目的以外での利用はいたしません。

● ご感想をインターネット等で紹介させていただく場合がございます。ご了承下さい。
● 送料無料・農文協以外の書籍も注文できる会員制通販書店「田舎の本屋さん」入会募集中！
案内進呈します。　希望□

■毎月抽選で10名様に見本誌を１冊進呈■　（ご希望の雑誌名ひとつに○を）
①現代農業　　②季刊 地 域　　③うかたま

お客様コード

| お買上げの本 |
|---|
|  |

■ ご購入いただいた書店（　　　　　　　　　　　　　　　　　　　書店）

●本書についてご感想など

---

●今後の出版物についてのご希望など

| この本を<br>お求めの<br>動機 | 広告を見て<br>(紙・誌名) | 書店で見て | 書評を見て<br>(紙・誌名) | インターネット<br>を見て | 知人・先生<br>のすすめで | 図書館で<br>見て |
|---|---|---|---|---|---|---|
|  |  |  |  |  |  |  |

### ◇ 新規注文書 ◇　　郵送ご希望の場合、送料をご負担いただきます。

購入希望の図書がありましたら、下記へご記入下さい。お支払いはCVS・郵便振替でお願いします。

| 書名 |  | 定価 | ¥ | 部数 |  | 部 |
|---|---|---|---|---|---|---|
| 書名 |  | 定価 | ¥ | 部数 |  | 部 |

図5-22 実生にM9台木を接ぎ木して育てた取り木母株に認められるコブ症状と、そのコブから発生する多数の新芽（右：定植後2〜3年目）
コブ症状は4〜5年目には消失する。根頭がんしゅ病は認められていない（PCRによる解析）

台木を接ぎ木した母株を用いた圃場で大発生した例は、母株の育成に用いたマルバカイドウ台木の根頭がんしゅ病への高い感染率が原因であった（図5-21）。M9台木の横伏せ取り木法による繁殖では、ウイルスと根頭がんしゅ病フリーの確認された素材を用いること、根頭がんしゅ病リスクの少ない園地（水田跡地など）を選ぶことが重要である。

欧米では、ウイルスフリーと根頭がんしゅ病フリーのM9台木を母株に用いる認証制度が確立している。日本でも実生に接ぎ木する方法などで育てたクリーン母株の育成が重要である。

### 根頭がんしゅ病類似症状

リンゴの実生にM9台木を接ぎ木して育てると、2〜3年経過した母株に根頭がんしゅ病に類似した塊の生じることがある（図5-22）。塊を観察すると多数の新芽が認められる（図5-22右）。その塊は徐々に減少して数年後に認められなくなる。

この症状は、実生から育てたリンゴ樹の枝や幹に発生が多いバーノット（気根束）の症状に類似しており、遺伝子レベルでの解析から根頭がんしゅ病とは異なることが確認されている。

## 9 発根台木収穫後の母株の管理

### 越冬、野ネズミ対策

発根台木の収穫が終わったら、母株の乾燥と凍害防止のため収穫当日中に覆土を行なう。母株が2〜3cmほど土中になるように覆土する。

母株はまた、冬季に野ネズミ被害を受けることが多い。M9台木は皮が厚く野ネズミの好物である。生育中の観察を続けて、巣穴がある場合は殺鼠剤による駆除をこまめに行なう。多積雪地域では積雪前に忌避剤を散布しておく（方法は、128ページを参照のこと）。

### 早春の管理（覆土の除去法、母株の被爆と発芽促進処理）

早春、覆土を除いて母株に光を当てることで発芽を促進できる。母株が地表から見える程度に土を除けばよく（図5-23）、土壌伝染性病害などの防除を兼ねて、殺菌剤を動噴等用いて加圧状態で散布すれば、簡易に母株表面の覆土を洗い流せる。

また、年数を経過した横伏せ取り木床の母

株は、切り取った枝の基部に定芽が残っていると強い新梢が伸びて、陰芽や潜芽の発芽を抑える（58ページ図5-9）。そこで、定芽から発生した新梢を見つけたら摘み取るか摘心する。こうすることで、多数の陰芽や潜芽を発生させることができる（図5-24）。

## 10 取り木床の寿命

　横伏せ取り木法では、定植後1年間を母株養成期として、定植後2年目から盛り土を開始するのが一般的である。日本国内では、10年以上を経過したM9台木の横伏せ取り木圃場は少ないが、伏せ込んだ母株は掘り上げることなく、15〜20年間用いることが可能である。

　M9台木の繁殖法にはほかに、黄化処理と緑枝挿しを組み合わせた方法や組織培養による方法も確立されているが（Harrison, 1981. Howard, 1979）、世界で利用される大半のM9台木が横伏せ取り木法で繁殖されている。横伏せ取り木法は、母株を長期間利用できること、太い台木の繁殖効率が他の方法より優れるためである。母株を長期間利用できるので、土壌病害や生育障害の回避のための連作も避けられる。

図5-23　春、母株に光を当てて発芽促進（M9ナガノVF157台木、定植後3年目）

図5-24　母株の定芽（前年伸びた枝に形成された芽）から発生した新梢を摘み取ると、多数の芽が発生する（M9VF157台木）

# 6章
# 高密植栽培の苗木生産

　欧米では、高密植栽培用にフェザー（羽毛状枝）発生苗木が多量に生産されている。アジア、東欧、南米などでは、高密植栽培に適するフェザー発生苗木をイタリアやオランダから輸入する国も多い。植物検疫上、欧米からのリンゴ苗木の輸入が禁止されているわが国では、健全苗木の生産流通に向けた認証制度や支援制度の構築が望まれる。
　最近は、高密植栽培の取り組みが広がるなか、フェザー発生苗木の需要は高まりつつある。登録品種の苗木生産と販売・譲渡には許諾が必要だが、国内の生産流通が需要に対応できない現状では、種苗法に基づく自家生産も考えられる。

## 1 穂品種の接ぎ方
―― 接ぎ木繁殖の基礎

### 接ぎ木の基本と接ぎ木法
　苗木の育成には、接ぎ木繁殖の基礎を理解する必要がある。
　接ぎ木とは、台木と穂木を削って樹皮と木部の中間にある形成層（分裂組織）を露出させ、双方の形成層を合わせて結束する繁殖方法である。植物は傷付いた形成層からカルスを形成する。接合部は台木と穂木双方の形成層からカルスが形成されて癒合する。カルスにはセメントのような特質がある。
　癒合したカルス内には新たな形成層が形成される。その後、形成層内に新しい師部と木部がつくられ、台木と穂木側の師部と木部に

**図6-1　カルスで結合した接ぎ木部**
カルスは台木側と穂木側双方から形成されるが、台木からの形成量が多い。2〜3週間で結合する

連結して養分の通路が連絡すると接ぎ木が完成する（図6-1）。
　接ぎ木部はビニールテープで結束して、切り口から水分蒸散を防ぐことが成功のコツ。パラフィルム製の接ぎ木テープで切り口と穂木全体を包むように巻く方法もある。

### 欧米では芽接ぎ法が主流
　欧米のリンゴ産地では、芽接ぎ法（チップバッディング法が多い）が一般的である。M9台木を発芽前に畑に植え、秋まで育てた状態

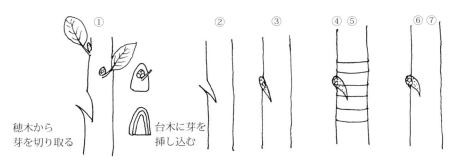

図6-2　芽接ぎの手順（そぎ芽接ぎ）

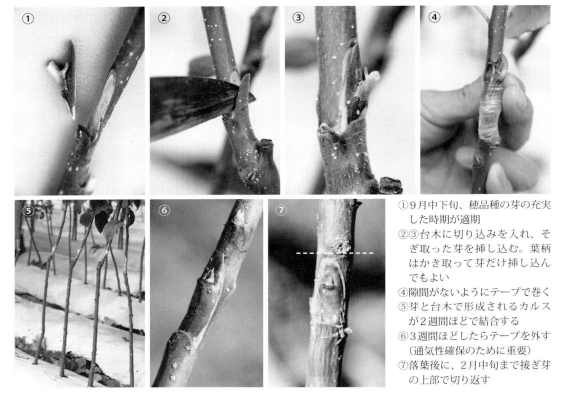

①9月中下旬、穂品種の芽の充実した時期が適期
②③台木に切り込みを入れ、そぎ取った芽を挿し込む。葉柄はかき取って芽だけ挿し込んでもよい
④隙間がないようにテープで巻く
⑤芽と台木で形成されるカルスが2週間ほどで結合する
⑥3週間ほどしたらテープを外す（通気性確保のために重要）
⑦落葉後に、2月中旬まで接ぎ芽の上部で切り返す

図6-3　そぎ芽接ぎ（Chip budding）の方法　8月下旬〜9月

で穂品種を芽接ぎする方法である。台木の樹皮が剥がれやすくなり、穂品種に用いる新梢の芽が充実する秋（8月下旬〜9月上中旬）がその適期である。芽接ぎ用穂木（30〜50cmに切った新梢）は、葉を葉柄の基部で切り取り、クーラーに入れて乾燥を防止した状態で圃場を持ち歩き、作業する。

高密植栽培に利用する苗木は、M9台木の全長を40cmほど確保する必要があるので、地下部の長さを考慮して地上から20cmほどのところに芽接ぎを行なう。接ぐと2週間ほどで台木と穂木由来のカルスが結合し始める。芽接ぎから3週間ほど経過したら、結束テープを切って外す。また落葉後の休眠期（12月頃）に、芽接ぎした芽の直上（2cmほど上で、上芽の下）で台木を切り返す（図6-2、

**図6-4　M9台木への穂品種の揚げ接ぎと冷蔵保存**
①、②、③冬季2月頃に接ぎ木
④、⑤接ぎ木部をテープで結束した後、穂木の切り口を60℃ほどのワックス溶液に瞬間浸漬で封じる
⑥、⑦ビニール袋に密閉して冷蔵（冷蔵前に殺菌剤溶液に浸漬）、春に定植する
冷蔵温度は1～2℃が最適、5℃では発芽やカビの発生などの観察が重要

図6-3）。

芽接ぎしたM9台木を掘り上げずに越年させて、そのまま苗木育成に用いることもできる。掘り上げる場合は、低温に遭遇させて耐凍性を獲得した後が適期となる。欧米では、掘り上げた芽接ぎ苗木がスリーピングアイ（Sleeping eye）と呼ばれて、安価な苗木（1年以上の養成は必要）として流通する（Hansen, 2015）。スリーピングアイ苗木は小型で扱いが楽なことから、ビニール袋などに密封して春まで冷蔵（1～3℃）した後に苗圃に定植できる。冷蔵貯蔵する前に、あらかじめ殺菌剤の溶液に浸して消毒する。また、リンゴなどエチレンガスを発生させる果実と一緒に冷蔵庫で保存しない。もしその場合は、冷蔵庫内をよく換気してエチレンガスを排除しておく。

## 休眠期に行なう揚げ接ぎ法

揚げ接ぎは、掘り上げた台木に接ぎ木する方法である。

冬季（1～3月）に室内で接ぎ木を行なう場合、M9台木の根は5～10cmの長さに切っておくと作業がしやすい。穂木の休眠枝は10～12cm（4～5芽）に切って用いる。休眠枝は採取してからビニール袋に密閉し冷蔵（0～3℃）しておけば、5月頃まで用いることができる。方法は、図6-4に示す切り接ぎ法が一般的である。

発芽前の休眠枝を穂木に用いると、その貯蔵養分が接ぎ木部のカルス形成に使われる。

貯蔵養分の少ない細い穂木、芽が動き出した状態の穂木を用いると、カルス形成に必要な養分が不足する。穂木は乾燥させず、発芽させない状態で貯蔵しておくことが重要で、接ぎ木の直前に12cmほどに切り、湿った布などで包んで乾燥を防ぎながら用いる。

接ぎ木部は、台木と穂木の形成層を合わせて（台木と穂木の太さが揃わないときは片側でも可）専用ビニールテープで結束する。このとき、テープで切り口が乾燥しないように巻く。また、穂木の頂部の切り口は接ぎ蝋やトップジンペーストなどの被膜剤で覆う。溶かしたワックス（蝋）に穂木の先端部を瞬間浸漬してもよい（図6-4）。

### 揚げ接ぎした苗木の貯蔵

揚げ接ぎした苗木は、厚手のビニール袋などで密封し、1～3℃の冷蔵庫で定植前まで冷蔵する。冷蔵温度が高い（4～5℃以上）と雑菌による腐敗が生じやすい。冷蔵前にトップジン溶液への浸漬処理、貯蔵期間中にカビの発生状況を確認して、必要に応じて殺菌処理を繰り返す。

## 2 高密植栽培に必要な苗木

### 自根のわい性台木でフェザーの発生が必須

リンゴのわい性台木を用いた苗木には多くの種類がある。日本では、マルバカイドウ台木にM9やM26を中間台木で用いた苗木の利用が一般的であった。しかし、高密植栽培ではわい性台木を自根で用いた苗木の利用が必須となる。フェザーの発生した苗木の利用も必須である。'棒状苗木'は適さない。

欧米で利用されるフェザー発生苗木には、9カ月育成フェザー発生苗木、1年生フェザー発生苗木、2年生カットツリー（Knip tree、クニップツリー）に分類される。

わが国では、9カ月育成フェザー発生苗木や2年生カットツリーの他に、1年生の'棒状苗木'を用いてノンカット方式で側枝を発生させた苗木も利用されている。ノンカット方式では、目傷、ビーエー液剤の処理、ビニール袋の被覆、ベンディング（水平に左右に倒す）などを用いて側枝を発生させる（図6-5）。

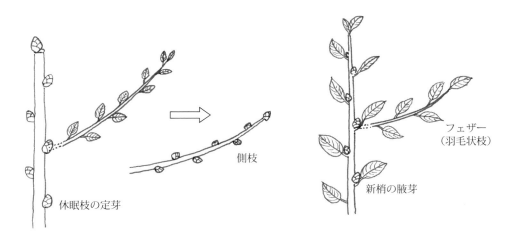

**図6-5 側枝とフェザーを本書ではこのように使い分ける**
休眠枝の定芽（前年形成）から発生するものを側枝（左）、新梢の腋芽から発生する小枝をフェザーと呼ぶ（右）

### フェザー発生苗木の種類と品質

#### ①9カ月育成フェザー発生苗木

冬季に、M9台木に穂品種を接ぎ木（揚げ接ぎ）し、貯蔵した苗を春に定植、生育中の新梢にビーエー液剤を散布してフェザーを発生させた苗木である。定植から掘り上げまでに9カ月ほどかかる。

#### ②1年生フェザー発生苗木

春、M9台木を定植して、8月下旬～9月に穂品種を芽接ぎし、そのまま畑で越冬、翌春に接ぎ芽から伸長する新梢にビーエー液剤を散布してフェザーを発生させる苗木である。台木を植えてからの育成年数は2年間になる。

#### ③芽接ぎによる2年生カットツリー苗木

M9台木を春植えして、8月下旬～9月に穂品種を芽接ぎしたまま畑で越冬、翌年は棒状苗木を育てて畑で越冬させる。

定植後3年目の早春（1～2月）に地上60cmほどで切り返し、切り口付近に発生する数本の新梢を1本だけ伸ばし、生育中にフェザー発生処理（ビーエー液剤散布）をして育成する苗木である。台木を植えてからの育成年数は3年間になる。

#### ④揚げ接ぎによる2年生カットツリー苗木

冬季、M9台木に穂品種を揚げ接ぎして貯蔵した苗を春に定植、翌年は棒状苗木を育て畑で越冬させ、定植後2年目の1～2月に地上60cmほどで切り返し、切り口付近に発生する数本の新梢を1本だけ伸ばして、生育中にフェザー発生処理（ビーエー液剤散布）をして育成する苗木である。台木を植えてからの育成年数は2年間になる。

#### ⑤2年生ノンカット側枝発生苗木

冬季にM9台木に穂品種を揚げ接ぎし、春に定植して棒状苗木を育てて畑で越冬、翌春にポリ袋の被覆、目傷、ビーエー液剤処理などを行なって側枝を発生させる育成法である。台木を植えてから年数が2年間かかる。

なお、それぞれの苗木の特徴は表6-1の通りである。育成の実際は75ページからを参照。

### カットツリーの由来

前述の通り、棒状に育てた1年生苗木を切り返し、切り口付近から発生する数本の新梢を1本だけ残して摘み取り、残した新梢の腋芽から分岐角度の広い副梢を多発させた2年生苗木のことをKnip treeという。オランダのFleuren苗木社がその育成技術を考案した。

表6-1　フェザーの発生した苗木の種類と品質

① 9カ月育成フェザー発生苗木
　　低価格、接ぎ木当年に入手可能。
　　基部の側枝が強くなりやすく、フェザーの発生数が少なく、発生角度が狭くなる傾向。
　　苗木の大きさ・質が揃いにくい。

② 1年生フェザー発生苗木
　　低価格、基部の側枝が強くなりやすい、フェザーが低い位置から発生しやすい。
　　フェザーの発生角度が狭く、太くなる傾向。
　　苗木の大きさ・質が揃いにくい。

③、④ 2年生カットツリー（Knip tree）・揚げ接ぎによるカットツリー
　　フェザーの発生数が多い、フェザーを理想の位置に発生させることができる。
　　フェザーの分岐角度が広く誘引がしやすい、充実した良質苗木になりやすい。
　　カット時期や排水が悪いと凍害が発生しやすい。
　　育成年数が長く、価格が高くなる。基部が弱いこともある。
　　太い苗木となり、掘り上げ・貯蔵・流通に経費がかかる。
　　大苗のため移植ショックを緩和する管理（灌水など）が必然となる。

⑤ 2年生ノンカット側枝発生苗木
　　側枝が伸びにくく、発生本数も少ない。
　　定芽から発生する側枝のため、太くなりやすい。

Knip treeとは、その育成技術を取材した新聞記者が、棒状苗木を'切り返して'(ドイツ語でknippen、英語でcut) 多くの小枝の発生を促す方法と紹介したことに由来する。その後、多くの苗木生産者が生産と技術改善に取り組み、欧米を中心に高品質のKnip treeが流通するに及んで英語表現のカットツリー(Cut tree)の名称が一般的になった。本書でも以下カットツリーと記載することにする。

### 各国のカットツリーの品質基準

イタリア・南チロルの16社の苗木商が毎年生産する約1,000万本近い苗木のうち、2年生のカットツリー苗木は40％ほどで、1年生のフェザー発生苗木が50％ほどという。ヨーロッパでは、多くの苗木商が競争でフェザー発生苗木の育成に取り組み、独自の品質基準を公表して販売を行なっている(Robinson, 2011)。

例えば、オランダのVerweek苗木商の示す品質基準は図6-6に示すように、30cm以上のフェザーの発生数が3本、5本、7本、7本以上に区分され、さらに多数の短いフェザーが発生した条件である。苗長(接ぎ木上部から)は1.6m以上、接ぎ木部の上10cmの位置の幹径が11〜18mm以上(9カ月苗木と1年生フェザー苗木)、13〜20mm以上(2年生カットツリー)であること等を保証して販売されている(表6-2)。

同じように高密植栽培を普及推奨しているオーストラリア果樹改良協会は、図6-7に示す苗木品質基準を示している。ヨーロッパの基準ほどきびしくないが、フェザーの発生していること、接ぎ木部の上10cmの位置の幹径が14mm以上であること、などが求められている。

### 列ごと苗の幹径を揃えて定植

フェザー発生苗木は、フェザーの発生数が多く、幹径の太いものほど生産力が高い。しかしながら、大きい苗木は掘り上げ時に多量の根を切ることで地上部と根のバランスが崩れやすく、定植後のかん水や雑草防除などの管理が悪いと生育不良を招きやすい。

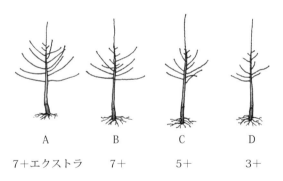

A　　B　　C　　D
7+エクストラ　7+　　5+　　3+

図6-6　オランダにおけるフェザー発生苗木の基準
(Verweek苗期商)

表6-2　オランダのVerweek苗木商の品質基準

```
フェザーの発生数による格付け基準
    A：7+extra：30cm以上のフェザーが　　7本より多く、短いフェザーも発生
    B：7+      ：    〃              　　7本ほど発生、    〃
    C：5+      ：    〃              　　5本ほど発生、    〃
    D：3+      ：    〃              　　3本ほど発生、    〃
苗木の太さによる格付け基準(接ぎ木部の上10cmの位置の径を測定)
    苗木(1)(2)のA格付け：＞幹径18mm
    苗木(3)のA格付け：＞幹径20mm
    苗木(1)(2)のB、C、D格付け：＞幹径11mm
    苗木(3)のB、C、D格付け：＞幹径13mm
```
注)苗木(1)；9カ月育成フェザー発生苗木、(2)；1年生フェザー発生苗木、
　　(3)；2年生カットツリー

高密植栽培ではフェザーの発生した苗木を植えることが必要であるが、長野県の現場では9カ月育成フェザー発生苗木で接ぎ木部の上20cmの幹径が11〜14mmほどあれば良好な生育が得られている。

定植する苗木の品質（フェザー発生数と幹径）にバラツキがある場合は、幹径別に区分けして、列ごとに揃った苗木を植え、定植後の施肥管理を列別に行なうことで、1〜2年後には園地全体の生育を揃えることが可能となる。

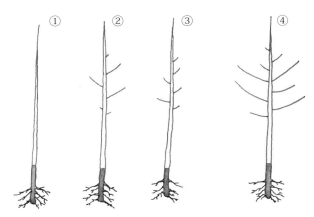

図6-7　リンゴ苗木の品質基準（オーストラリア果樹改良協会）

|   | フェザー数 | 地上部高さ |
|---|---|---|
| ①1年生棒状苗木 | ― | ― |
| ②9カ月育成フェザー苗木 | 3本以上 | 70cm以上 |
| ③1年生フェザー苗木 | 3本以上 | 70cm以上 |
| ④2年生カットツリー苗木 | 6本以上 | 80cm以上 |

＊いずれも全長160cm以上、接ぎ木部上10cmの径は14mm以上であること

## 3　フェザー発生のメカニズムと促進処理

ところで、フェザーはどのようにして発生してくるのだろうか？

### 頂芽優勢打破によるフェザーの発生

植物の頂芽が側芽（新梢では腋芽）よりも優先して生長する現象を頂芽優勢と呼ぶ。植物ホルモンのオーキシンとサイトカイニンの関係することが知られている。

植物では、器官によってオーキシンへの感受性（適濃度）が異なる。頂芽の成長が促進されるオーキシン濃度では側芽の成長が抑制される（側芽のオーキシンの適濃度は低い）。一方、根端で合成されるサイトカイニンは芽の伸長を促進する。図6-8の①では、頂芽で合成されて下部に移動するオーキシンの作用で腋芽の発芽伸長が抑制される。②では、合成サイトカイニンであるビーエー剤の散布でオーキシン濃度が一時的に低下、根から供給されるサイトカイニンの作用で側芽が伸長する。③では、ビーエー剤の散布と幼葉のカットで、頂部で合成されるオーキシン濃度が低下、根から供給されるサイトカイニンの効果で側芽が発芽伸長、オーキシン濃度の低下する期間が長く継続することを示す。④では、目傷処理でオーキシンの流れが一定期間停止、根から供給されるサイトカイニンの作用で側芽が発芽伸長することを示している。これらの頂部（芽）優勢を打破する種々の技術が、リンゴのフェザー発生苗木の生産に用いられている。

### ビーエー剤を5〜7日間隔で4〜5回散布

実際の育成場面では、生育中の新梢にビーエー剤を散布して頂芽の下部に位置する数個の腋芽（4〜5芽ほど）を発芽、伸長させる。発芽直後は狭い分枝角度で生長するが、頂芽から継続的に下流してくるオーキシンの影響によって角度が徐々に広がる。

しかし、新たに伸長する新梢先端部では頂部優勢が復活し、合成されるオーキシンによって腋芽の発芽と伸長が抑えられる。そこで改めて新梢先端へビーエー剤を散布する。これを5〜7日間隔で4〜5回繰り返せば、新しい腋芽から新梢を継続して発生させるこ

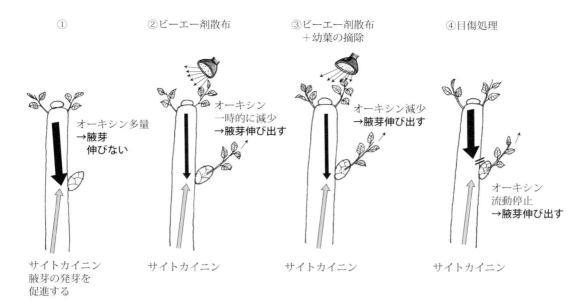

**図6-8 リンゴ新梢の腋芽の発生とホルモン**（Harbut, 2013を参考に作図）
ビーエー剤（合成サイトカイニン）散布、目傷処理、幼葉の摘葉処理と、腋芽の発芽伸長との関係

**図6-9 先端の幼葉のカット（左）、ビーエー剤を先端部にスポット処理（右）**
ビーエー剤処理は、1週間ほどの間隔で5回ほど散布。土壌の乾燥時や低温と高温時の散布を避ける（左写真は、KIKU苗木商）

とができる（図6-9）。

### 土壌水分、気温とビーエー剤の効果

ビーエー剤は、リンゴ苗木のフェザー発生促進剤として世界各国で使用され、日本でもリンゴ苗木の側芽発生促進剤として商品名ビーエー液剤で農薬登録されている。希釈倍率50～100倍、新梢（先端部）への散布、使用回数5回以内が内容である。

ビーエー剤の効果を高めるには18～21℃が適温とされ、30～32℃の高温時は効果が著しく劣ることが報告されている（Miranda sazo and Robinson, 2011）。

また、腋芽の発芽や伸長は土中の細根で生合成されるホルモン（サイトカイニン）やチッソの供給量が多いほど良好となる。そのため、

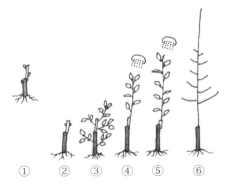

①M9台木に揚げ接ぎ（2月）
②揚げ接ぎ苗木の定植（3〜4月）
③台芽・穂木からの新梢の摘み取り（5月下旬）
④苗長が60cmほどの頃にビーエー液剤の散布
⑤5〜7日間隔でビーエー液剤5回ほど散布
⑥落葉後に掘り上げ

**図6-10　フェザー発生苗木（9カ月苗木）の育成法**

フェザー発生苗木の育成には細根の発生を促すこと、土壌の通気性と水分が適度に保たれることが重要で、乾燥している場合は定期的にかん水し、夏季の散布では気温の上昇する午後を避けるようにする。

では以下、各種フェザー発生苗木の育成法について具体的に見ていこう。

## 4　9カ月育成フェザー発生苗木と1年生フェザー発生苗木の育成法

**図6-11　水田転換園での苗木育成**
盛りうねしてあるが、滞水が続くと根腐れになる。排水対策が必須

冬季間に室内で接ぎ木した苗木を植えて、秋にフェザーの発生した苗木を育成する方法である（図6-10）。

### 盛りうね、マルチ、栽植距離

土壌の通気性の確保が最重要になる。水田転換園などで苗木育成が行なわれることが多く、排水不良や大雨によって滞水状態が続いたり、隣接田からの浸水が継続したりすることで苗木が枯れる例がある。明渠や暗渠などの対策とともに、うねを盛り上げて植えるなど、苗木の根域の通気性確保に注意する（図6-11）。

4月上中旬、冬季に揚げ接ぎして貯蔵しておいた苗木を定植する。定植日は、遅霜害の危険のない日や週を選ぶ。穂品種が発芽した状態の苗木を植え付ける場合は、凍害回避をとくに注意する。また、接ぎ木部に形成されたカルスも凍害を受けやすいので注意が必要である。

栽植距離は列間60〜80cmとして、盛りうね状にポリマルチで覆って（図6-12）、20〜

図6-12 ポリマルチ利用による（9カ月育成）1年生フェザー苗木育成

全面白黒マルチのうね栽培は良質苗木の育成に好適。4月下旬に施肥、うね立てマルチ被覆（マルチャー使用）、マルチに穴開けして定植

図6-13 フェザー発生苗木の育成には主幹の固定・垂直維持が必要

支柱（上）や架線（下）を用いるが、苗木ごとに支柱（繰り返し使用可能な）を用いる方法がよい

30cm間隔に穴を開けて植え付けると生育を揃えることができる。

### 台芽・接ぎ穂の管理

穂木から発生した新梢は5月下旬1本を残して摘み取る。台木から発生する新梢も定植後60日頃を目途にかき取る。台木から発生する新梢を早く摘み取ると、苗木が枯れやすいので注意する。

苗木の育成では、新梢を風などによる横揺れから防いで垂直に育てると伸長が良好となる。そこで、新梢が40～50cmになった頃に支柱を添えてテープナーで固定する。列ごとに一定間隔で支柱（地上部1.5～1.8m）を打ち込んで架線を張り、テープナー等で新梢を固定する方法もある（図6-13）。

### ビーエー液剤の散布

新梢先端が地上から70cmほどに伸びた頃に1回目の散布を行ない、7日ほどの間隔で3～5回繰り返す。フェザーの発生しにくい品種では、濃いめの濃度（50～60倍）にして散布する。このとき、頂端部のカール状小葉（展葉前の幼葉）を2枚程度摘むか、カット（図6-9参照）してから散布するとフェザー発生効果が高まる（図6-8参照）。このとき、生長点を傷付けないことが重要となる。

1回目の散布以前に発生している副梢は、発生位置が低すぎるため基部で切り取る。観察を続けて、地上から70～80cmまでに発生する新梢は繰り返し摘み取る。摘み取りは基部から手で曲げて取ってもよい。

### ポリマルチ（白黒マルチ）の利用で生育を揃える

揚げ接ぎ苗木の植え付け前にうねを立て白黒マルチなどで覆って植えると、雑草との養水分の競合が避けられ、良苗が育成できる。また、太さに差のある苗木を植えた場合も、マルチがあると生育差を少なくすることができる。マルチ内での根の競合による（密度効

果）によるものと考えられる。ただし、マルチ栽培での連作は避ける。

### 元肥と追肥を半量ずつ、チッソの遅効きを防ぐ

掘り上げ時に充実した苗木を育てるには、チッソの遅効きを避ける。そのためには、元肥だけの施用法に頼らず、施肥量の半分ほどを追肥とし、速効性肥料を数回に分けて施用する。

イタリアでは、植え付け時にチッソ（10〜20kg/10a）の50％ほどを元肥で与え、生育状況を判断しながら残りを数回に分けて追肥している（いずれも化成肥料）。また、尿素（0.3％ほど）の葉面散布で対応しているケースもある。

苗木の軟弱徒長と登熟不良の原因となりやすいチッソの遅効きを避けるうえで有機物の多量施用はとくに注意する必要がある。

### 雑草対策、病害虫防除

苗木育成圃では除草が重要な管理作業となる。株元が草だらけだと、根の浅い雑草が優先的に肥料や水分を吸収して、苗木の生育が抑制される。イタリアの苗木業者は、定植後の雑草発芽前に土壌処理型除草剤を用いている。茎葉処理による吸収移行型の除草剤は使用しないという。

病害虫の発生を観察しながらリンゴの防除暦に準じて防除を行なう。

## 5 1年生フェザー発生苗木の育成法

芽接ぎを利用したフェザー苗木の育成法である（表6-1参照）。

M9台木を春に植えて、その年の8月下旬〜9月に穂品種を芽接ぎする。落葉後に接ぎ芽の上部で切り返した状態で越冬させ、翌年に接ぎ芽から伸びる新梢にビーエー液剤を散布してフェザーを発生させ、秋に掘り上げる。台木を植えてからの育成年数は2年かかる（図6-14、図6-15）。

### 台芽・接ぎ穂の管理

接ぎ芽の直上で切り返された状態で越冬させたM9台木は、春に穂品種の芽と台木の芽

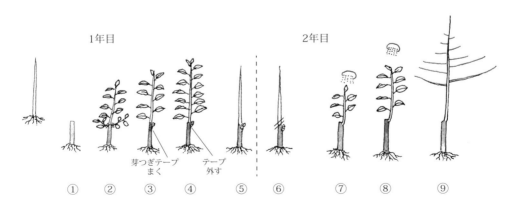

**図6-14 芽接ぎによる1年生フェザー苗木の育成法**
（1年目）①M9台木の定植（3〜4月上旬）、②台芽・穂木からの新梢の摘み取り（5月下旬）、③台木へ穂品種の芽接ぎ（9月上中旬）、④芽接ぎのテープ外し（③の3週間後）、⑤落葉、畑に据え置いて越冬
（2年目）⑥2月中旬までに芽接ぎ部の直上で切り返し、⑦新梢長が20cmほどの頃にビーエー液剤の散布、⑧その後、5〜7日間隔でビーエー液剤散布。5回ほど、⑨落葉後に掘り上げ

1年生（9カ月育成）
フェザー発生苗木
揚げ接ぎで繁殖、マルチ
栽培で育成

2年生フェザー
発生苗木
（カットツリー）

図6-15　1年生と2年生のフェザー発生苗木の違い

から新梢が伸び始める。新梢が10cm以上に伸びる5月下旬に台木から発生する新梢を摘み取る。この摘み取り時期が早過ぎると生育が抑制されることが多いため注意する。接ぎ芽から発生した新梢を垂直に育てる管理は、図6-13と同様である。

### 新梢下部から発生のフェザーの処理

ビーエー液剤の処理、新梢の固定、雑草防除、かん水、施肥、病害虫防除などは、9カ月苗木の育成方法に準じて行なう。ただし、芽接ぎ苗木では、新梢の下部からフェザーが発生しやすい。ビーエー液剤の処理前に低い位置から発生するフェザーの摘み取り作業を数回行なうことが必要である。

## 6　2年生カットツリー（Knip tree）の育成法

芽接ぎ、または揚げ接ぎして育てた'棒状苗木'を越冬させ、翌早春（樹液流動の始まる20日ほど前がよいとされる）に切り返し、1本だけ伸ばす新梢にビーエー液剤を散布して育成する方式である。

### 苗木は栽植距離と深植えにならないよう注意

フェザーの発生によって樹幅が広がる2年生カットツリー苗木の育成では、苗木に光が十分当たることを考慮して植え付け距離を決める。株間20～30cm、列間80～100cmが一般的であるが、用いる管理機の作業性も考慮する。

冬季に揚げ接ぎした苗木の植え付けでは、台木を地上に20cmほど露出するようにして植える。深植えは避け、苗木全体が傾かないように植え付ける。長い根は5cmほどに切り詰めて植え付けてもよい。その他、圃場の選定や植え付け方法などは9カ月生フェザー発生苗木の育成に準じる（図6-16、図6-17）。

### 支柱と横揺れ防止

2年生カットツリーの育成では、フェザーを均等に発生させるために細い支柱を苗木ごとに立てて、主幹延長枝を固定する。径10～13cmの細めの支柱が使いやすく、鉄筋棒などを用いると毎年繰り返して利用ができる。

### 1年生棒状苗木の切り返し位置

棒状苗木は、地表部から60cmほどの高さで切り返す（図6-18）。

幹を地上60cmほどで切って、1本の新梢を伸ばすとフェザーの発生位置が地上80cmより上部になる。また、新梢の基部から発生するフェザーは上部から発生するフェザーより長めに伸びることになる。

ただし、積雪の多い地域で地上1m以上にフェザーを発生させた苗木を育てたい場合は、80cmほどの位置で切り返せばよい。

### 新芽と台芽の摘み取り管理

カットした主幹の頂部からは数本の新梢が

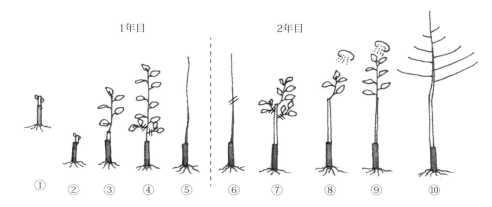

**図6-16　揚げ接ぎによる2年生フェザー発生苗木（カットツリー）の育成**

(1年目) ①2月、M9台木に穂品種を揚げ接ぎ、冷蔵保存、②3月下旬～4月上旬に植え付け、③5月中下旬
台芽の整理、④フェザーの整理、⑤落葉、畑に据え置き

(2年目) ⑥2月上中旬に地上60cmほどで切り返し、⑦5月、切り口付近から発生する数本の新梢を1本に整理。
⑧、⑨新梢が20cmほどの頃からビーエー液剤を5～7日間隔で散布、⑩落葉、落葉後に掘り上げ

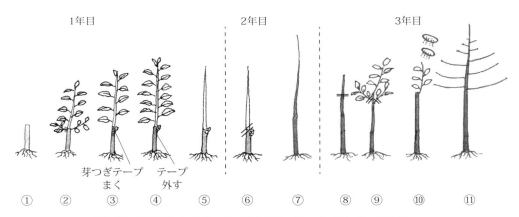

**図6-17　芽接ぎによるフェザー発生苗木（カットツリー）の育成法**

(1年目) ①3月下旬～4月上旬、M9台木植え付け、②5月中下旬、台木の新梢整理（横枝）、③9月中下旬、
芽接ぎ、④3週間後テープ外し、⑤落葉、畑に据え置き

(2年目) ⑥2月中旬、芽接ぎの上部で切り返し、⑦春～夏、腋芽を整理して棒状苗木を育てる。落葉後の状
態

(3年目) ⑧2月上中旬に地上60cmほどで切り返し、⑨5月、切り口付近から発生する数本の新梢を1本に整理、
⑩新梢が15cmほどの頃からビーエー液剤を5～7日間隔で散布、⑪落葉、落葉後に掘り上げ

発生する。15cmほど伸びた頃（5月中下旬）、もっとも生育の優れる新梢を1本残して残りを切り取る（図6-19）。このとき、台木から発生した新梢も一緒にかき取る。

ただし、あまり早くかき取ると生育不良や枯死することもある。台木からの新梢で合成されるホルモンが新根の発生を促すためと考えられる。台木の新梢を整理するのは、頂芽からの新梢を一本にする時期まで待つことが重要である。

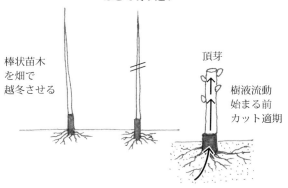

**図6-18 カットツリー育成のための棒状苗木のカット時期**
樹液流動の始まる20日ほど前が適期。なお、越冬前の休眠期に耕耘機などで断根処理もしておくとよい（イタリア苗木商のコメント）

**図6-19 カットツリー育成の管理（5月）**
主幹の切り返し部から発生する数本の新梢は、15cmほどに伸びた頃、1本に整理。その下部に発生している新梢（穂品種と台木）も摘み取る

　1本に整理した新梢はハマキムシやケムシ類に食害されないよう、生長点を傷付けないように管理する。また、細い支柱に誘引して先端をテープナーなどで固定する。この固定は、新梢の伸びに従って繰り返し行なう。新梢をまっすぐに維持することは、風による折損防止、フェザーを偏りなく均一に伸長させるためにも重要である。

## 発芽不良や新梢枯死（凍害と予想）の原因と忌避策

　カットツリー育成時の発芽不良や新梢枯死の回避には、カット時期の決定や、早春の土壌水分の吸収抑制が最重要となる。

　カットツリーに育成する1年生棒状苗木は、休眠状態で気温や幹温が上昇すると発芽前に貯蔵養分の移動が始まる。それらは頂端の芽に向かって動くため、多くが頂芽方向に流動した後にカットすると、貯蔵養分の大半を失うことになる。

　欧米では、苗木の耐凍性が減少する前、つまり貯蔵養分の移動が始まる前にカット処理が行なわれる。冬季が比較的温暖なイタリアの苗木生産地域（ポー河流地域）やフランスでは、カット時期が12月下旬〜1月に設定されている。また、厳冬季が続くアメリカ・ニューヨーク州などでは2月中旬にカットされている。耐凍性が維持されている樹液流動前にカットを終わらせ、耐凍性の獲得が不十分な落葉直後（11月下旬〜12月上旬）と発芽直前（3月下旬〜4月上旬）にはカットを行なわない、ということである。

　長野県におけるカットツリーの育成現場でも、カット後の新芽や新梢の枯死が問題となることがある。

　対策としては、主幹部への白塗剤の塗布や、越冬前に耕耘機で15cmほどの深さにうね間を耕して断根処理を行なう、また苗木を高め（30cmほど）の盛りうね方式で植え付けて早春の根からの吸水量を制限するなどが示されている。

　それとともに大事なのは、樹液流動の始まる前の耐凍性が持続されている時期にカット処理を済ませることと考えられる。カットを、晩霜害の危険がなくなる5月下旬まで遅らせ

図6-20　1年生棒状苗木（掘り上げずに越冬）のカット時期と生育比較

A；2月中旬カット

B；5月中旬カット（地上60cm）の6月2日の状態。2月中旬カットのほうが生育は勝る

図6-21　2年生カットツリー育成におけるビーエー液剤処理前の新梢の整理

A；切り返した頂部から発生する新梢のうち、伸びのよいものを1本残す。5月中下旬（新梢が15cmほどの頃）

B；頂部の新梢整理のとき、台木部から発生した新梢も摘み取る

C；頂部の新梢を1本残し、台木からの新梢を摘み取った状態

る方法も有効だが、カットによる養分ロスが大きく苗木の生育が弱まる（図6-20）。

2015年10月、イタリアの苗木商を訪ねて苗木のカット時期について話をした際、苗木圃場のマネージャーからカット時期は樹液流動の始まる20日ほど前が適期とのコメントをもらった（図6-19参照）。長年の経験から得られた職人の、的を射た指摘と考えられる。

## 主幹カット部位から発生する新梢の整理

切り返した主幹の頂部には3芽ほどが発芽する。その新梢を1本だけ残して残りを摘み取り、残した1本の新梢の腋芽からフェザー

表6-3　2年生カットツリー苗木育成プロセス例　　　（イタリアBraun苗木商）

① M9台木を列間80cm、株間35cmで植え、夏に芽接ぎ、翌年は棒状苗木を育て、翌年（3年目）の冬季（1月下旬）に地上65cmで切り返す。
② 地上部65cmで切り返した部位から発生する数本の新梢のうち1新梢のみを伸ばす。
③ スチール製の細い支柱（1.5mほど）を添えて新梢を固定する。
④ 新梢が15cmほど伸びた頃、ビーエー剤を散布、7日ほどの間隔で4～5回繰り返す。
⑤ ビーエー剤の散布は10℃以上の気温時に行なう。
⑥ 乾燥時は、点滴かん水方式で毎日少量の水をかん水する。
⑦ 元肥で全施肥量の5割ほどの施肥（化成肥料）、残りを3日間隔で液肥（点滴かん水）で8月上旬まで施肥する。
⑧ 除草は、ジクワット剤とパラコート剤を土壌表面処理。雑草の発芽を観察して数回散布する。グリホサートやバスタ等の接触型除草剤は使用しない。
⑨ 7月下旬からNAA剤を2週間間隔で数回散布する。
⑩ 10月、先端伸長の停止した状態で落葉剤（キレート銅剤）を10日ほどの間隔で2回散布する。効果の発現が遅れる'ふじ'や'ガラ'では、3回散布を行なうこともある。
⑪ 葉中チッソが少ない場合、キレート銅剤の1回目と2回目の散布に尿素の葉面散布（3％）を加用する。
⑫ 落葉の様子を観察しながら、11月中旬～12月下旬に掘り取りを行なう。
⑬ 掘り上げた苗木は、冷蔵庫で冷蔵保存して春まで出荷を行なう。

を発生させる（図6-21）。

### ビーエー液剤の散布（時期、回数）

切り返した主幹部から1本だけ伸ばした新梢が20～25cm（地上部から新梢先端が80cm）ほど伸びたら、1回目のビーエー液剤を散布する。短い苗木は、苗木の先端が80cm頃まで待って散布する。

品種別の適濃度で、新梢の頂部付近に散布し、1週間ほどの間隔で4～5回繰り返す。散布の実際は9カ月フェザー発生苗木と同様でよい（図6-9参照）。

## 7 ノンカット方式による2年生側枝発生苗木の育成法

1年生の棒状苗木にノンカット方式で側枝（新梢）を発生させる方法には、ポリ袋を用いた側芽の保温処理法、目傷処理とビーエー液剤処理による方法、ベンディング処理法などがある。これらの方法では、新梢の葉柄基部に形成される腋芽から細いフェザーを発生させる9カ月育成フェザー発生苗木や2年生カットツリーと異なり、前年に形成された定芽から側枝を発生させるため、太い分岐角度の狭い側枝の発生が多くなる欠点がある。

### ポリ袋を使った側枝発生法

1年生の'棒状苗木'を切り返さず（ノンカット）に新梢を発生させる方法の一つに、苗木が発芽する前に頂芽を除いた下部にポリ袋を被覆して、側芽を頂芽より早く発芽させるやり方がある（図6-22）。

棒状苗木の発芽前に、頂芽を除いた地上から80cm以上の部位の側芽を覆うようにポリ袋を被覆する。被覆には長ネギ出荷用の細長いポリ袋が便利である。被覆後は発芽した新梢が数cmほど伸びたところで袋に穴を開け、温度上昇による葉焼けを防ぐ。また、新梢がポリ袋内で曲がるような状態になる前に袋を外して伸長を促す。

### 目傷とビーエー液剤処理によるフェザー発生法

1年生の棒状苗木を切り返さずに放置して発芽させると、ところどころに不発芽部を含みながら多くの新梢が発生する。このとき、発芽の早い頂芽から発生した新梢が伸び始

**図6-22　1年生棒状苗木のポリ袋を用いた側枝発生法**
苗木の発芽前にポリ袋を被せて、頂部の芽より早く発芽させることが重要。新梢が曲がらない時期にポリ袋を外す（この状態より早くてよい）。定芽から発生する側枝は太いもの多い

**図6-23　1年生棒状苗木への目傷処理とビーエー液剤処理**
ノンカットで育成する場合、フェザー発生数が少なく、定芽から発生するフエザーは太いものが多い。そこで、発芽させたい芽の上部に目傷を入れたり、生育停止した短果枝にビーエー液剤を散布する

ると側芽の伸長が抑えられてしまうので、側芽の伸長が停止する4月中下旬～6月に、伸ばしたい側芽の上部へ目傷を入れたり、伸ばしたい新芽（生育停止）にビーエー液剤をスポット散布することで、側枝として伸ばすことができる（図6-23）。

ただし、9カ月育成フェザー発生苗木や2年生カットツリーと異なり、フェザーの長さや太さの揃いが悪くなる。

## 自家増殖での注意点（種苗法の遵守）

自家苗木の育成では、種苗法に注意して苗木育成を行なう。登録品種の苗木育成は、自園での利用目的に限定されている。許諾なしに自家生産苗木を販売したり他人に無償譲渡したりすることは、罰則規定の対象となる。

ただし、M9ナガノVF157台木は登録品種でないため、自由に自己繁殖ができる。また、M9T337台木は販売権を保有する苗木商から購入できる。

# 7章
# 苗木の掘り上げ、定植管理

## 1 落葉処理で苗木の品質確保

### 苗木は自然落葉させ、寒気に当ててから掘り上げる

 落葉果樹は、低温に遭遇すると葉の付け根に離層細胞を形成して落葉の準備を始める。落葉前には、葉中の糖、アミノ酸、タンパク質などを加水分解して枝・幹・根に蓄え、冬越しに備えようとする。苗木を掘り上げる際もこのことは十分考慮する。葉柄に離層の形成される前に苗木の葉を摘み取ると、貯蔵養分(糖、チッソ代謝物など)の蓄えが少ない苗木をつくってしまうことになる。

 落葉果樹の苗木生産では、掘り上げ前に炭水化物とチッソが多く蓄えられることが重要である(Cheng and Fuchigami, 2002)。とくに樹皮が薄いリンゴの苗木は、晩秋に自然落葉させて初冬の寒気に遭遇して耐凍性の強まった状態で掘り上げることが理想的とされている(Abusrewil and Larsen, 1981. Tustinら, 1997. 図7-1)。

### 人為的に早期摘葉した苗木は軟弱

 欧米のリンゴ苗木の生産現場では、新梢の木化現象が6月頃から始まり、8月下旬に先端部の生長が弱まり、9月下旬には停止して初期休眠(生育を停止様態)に入るような管理が行なわれている。

 一方、日本では、大苗の育成を目指してのチッソ多肥が一般的で、12月の掘り上げ時期になっても頂端の生長が止まらない、落葉しにくい苗木に育つことが多い。そのため自然落葉前に摘葉して掘り上げられるが、人為

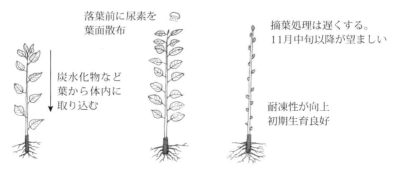

**図7-1 苗木の早期落葉処理と耐凍性、翌春の初期生育**
(Abusrewil and Larsen, 1981. Tustinら, 1997. Cheng and Fuchigami, 2002.の文献から作図)
リンゴ苗木は落葉前に炭水化物などを葉から体内に取り込む。自然落葉したリンゴ苗木の総乾物量は、15〜30%がデンプンや糖、チッソが2%ほど。
早期摘葉処理で貯蔵炭水化物やチッソが少ないと、耐凍性が低下・翌春の初期生育が劣る

的に早期摘葉した苗木は樹体の低温順応が不十分なため軟弱となりやすい。苗木の耐凍性の確保と糖やチッソの蓄積量を高めるには、摘葉時期を可能な限り遅らせる（11月中旬以降）ことが求められる。

### キレート銅剤散布による落葉処理

欧米では、キレート銅剤（農薬ではない）を用いた苗木の落葉処理が普及している。苗木の先端が生長停止した状態でキレート化した銅剤を散布して葉の離層形成を促し、落葉が始まるまでの間に葉からの代謝物を取り込ませつつ、耐凍性を確保した苗木を掘り上げる方法である。この方法で育てた苗木は、定植後の凍害や生育トラブルが少ないという。

キレート銅剤による落葉促進は、銅剤の散布によって葉の内部のエチレン生成を促し、エチレンの離層形成促進効果を利用するものである。このとき、苗木の新梢先端の生育が停止していないと十分な効果が得られない。そのわけは、生長を続ける新梢先端で合成されるオーキシンが、葉内のエチレンの作用を抑えるためと考えられている。そこで、欧米ではキレート銅剤の散布前に植物ホルモン剤（NAA剤）を使って新梢先端の生長を止め、そのうえでキレート銅剤を散布している（図7-2）。

散布は一般に、苗木の掘り上げ予定日の30日ほど前から行ない、量は、10a当たりキレート銅剤300gを1,000ℓに溶かして多量散布する。苗木の生理状態や天候によって効果が異なるため、落葉状況を確認しながら10日ほどの間隔で2〜3回散布される。

またキレート鉄やキレート亜鉛などの葉面散布剤の落葉効果を検討した研究もあるが、キレート銅に比較して効果は劣る。

### 尿素の秋季葉面散布で
### 貯蔵チッソ確保（濃度と時期）

苗木は定植後、発芽から数週間までの間は前年秋に蓄えられた養分を用いて生育する。

**図7-2　欧米で使用されているキレート銅剤（葉面散布剤）の落葉効果**
写真は効果発現初期で、やがて落葉する。新梢先端が生育停止していないと効果が劣る

炭水化物とともに貯蔵チッソの多少でも初期生育が大きく異なる（Cheng and Fuchigami, 2002）。このため、欧米では、前述した10月の落葉剤（キレート銅剤）の散布前に、尿素（2〜3％ほど）の葉面散布を7〜10日間隔で2〜3回行なうことが一般的である（9月中旬、新梢先端部を中心にNAA剤を1〜2回散布、10月上中旬に尿素を散布してからキレート銅剤を散布する方法である）。

なお、果樹栽培で一般的に行なわれる尿素の葉面散布（春〜夏）は、薬害回避のために濃度は0.2〜0.3％と薄くするが、落葉前なら高濃度（2〜3％）でも問題となりにくい。国内の苗木生産でも、秋季の土中チッソ量を減らして先端の生育停止時期を早め、落葉前に尿素を1〜2回葉面散布して貯蔵チッソを高めてやれば、良質苗木の生産につながるはずである。

## 2　苗木の掘り上げと越冬、貯蔵

### 掘り上げはできれば秋のうちに

苗木の掘り上げは、枝が完熟してから（休眠に入って自然に葉を落としてから）早春の発芽前までが適期である。畑で越冬した苗木

は、地温が5℃ほどになると新根の発生が始まるので、掘り上げ時期が遅れると生育への影響が大きい。また、春は多くの農作業があることで作業が遅れやすいため、秋掘りするのが一般的である。

　積雪が少ない地域であれば越冬させ、早春の発芽前に掘り上げて定植することもできる。この場合は、越冬前に野ネズミの被害防止対策を行なっておく。高密植栽培用フェザー苗木の多量育成を行なっている韓国の慶尚北道慶山市では、春掘りの苗木を出荷している。

### 掘り上げた苗木の越冬管理

　掘り上げた苗木は、根を乾かさないことと凍結させないことが重要で、その日のうちに仮り伏せするか、屋内の保管場所に移動する。屋外に仮伏せする場合、深さ40cmほどの溝に苗木の束を立てて並べ、土をかぶせた後にかん水をして根と土を密着させる。土と根の間に空間をつくらないようにし、野ネズミ対策に忌避剤や殺鼠剤の処理を越冬前に行なっておく（図7-3）。

　仮伏せした苗木は、根域に水が溜まって酸素不足になると、冬季間でも根が障害を受ける。積雪地域では、春先に融雪水が溜まって根腐れを生じることが多い。仮伏せ場所の選択や春先の観察による根の障害回避が重要である。

### 貯蔵庫で管理する場合の注意点

　貯蔵庫で保管する場合は、乾燥防止、エチレンガスによる芽の被害回避、雑菌による腐敗回避などに注意する。

　乾燥を防ぐには、苗木を厚手のビニール袋などに入れて冷蔵する方法もあるが、フェザーの発生した大苗を袋に入れて密封することは難しい。苗木は果実と一緒に冷蔵しないこと、入庫前の換気によるエチレンガスの排除対策の徹底も重要である（C&O Nursery）。大量でなければ、束ねた苗木を収穫用コンテナなどに立てて入れ、根部を湿らせたピートモスで覆った状態で軒下に保管する方法もある。この場合、観察を続けて発芽の進まないうちに定植することが重要となる。

### 冷蔵温度は5℃以上にしない

　冷蔵庫内の湿度を保つには、定期的に散水したり湿ったピートモスなどで根を包んだりするなどの方策があるが、過湿や散水装置の

**図7-3　フェザー発生苗木の掘り上げと仮伏せ**
自然落葉後に掘り上げると凍害などを受けにくい。畑での仮伏せは、根と土を密着させるように、根の周りに空間をつくらないようにする。
野鼠害対策を、忌避剤や殺鼠剤で行なう（ベイトステーションをつくるとよい）

**図7-4　苗木の長期冷蔵では0～2℃・高湿度の維持が重要**
根をピートモスで覆うと乾燥防止に効果的。果実と一緒に冷蔵するとエチレンの影響で不発芽が、温度が高いとカビの発生が問題となる。
病害・カビの防止には入庫前にベンレートなどへの浸漬処理を行なう

有無など冷蔵庫の構造によって対応は異なる。湿度制御のできない冷蔵庫では、根を含めた苗木全体の乾燥防止に注意する。

　冷蔵の適温は0〜2℃である。5℃以上になると雑菌によるカビの被害が問題となりやすい。過去に、長期冷蔵した苗木のカビ被害を出庫時まで気付かず、定植後、ほとんどの苗木がカビ毒による不発芽で枯死した例もある。長期冷蔵では、貯蔵中の観察を怠らないようにして、カビが発生したら庫外に出して殺菌剤（ベンレートなど）処理などをする（Lawyer Nursery、図7-4）。

### 契約内容が明確な欧米の苗木販売

　欧米では、苗木を秋掘りして畑で規格別に分別したのち、殺菌剤（キャプタン剤など）に浸漬、木枠パレットに入れ、根の周りを湿らせたオガクズで覆って冷蔵する方法や高湿度に保った冷蔵庫（1〜2℃）で根を覆わずに裸苗の状態で保管する方法が、一般的に用いられている。その後の苗木の販売と引き渡しには、以下のような契約の交わされることが多い。

- 厳冬季の出荷では、輸送途中の凍結と解凍による根の障害防止のために保冷車を用いる
- 苗木は休眠状態で生産者に届ける
- 生産者は届いた苗木の質を確認して定植まで適切に保管する
- 発芽前に定植する
- 定植後のかん水など必要管理を遵守する

　苗木の到着後の保管方法や植え付け管理が適切であったにもかかわらず生育障害が問題になった場合は、苗木会社が植え替え用の苗木を提供する。届いた苗木の保管中のトラブル（根の乾燥、長期間の浸漬による根腐れ、果実の入った冷蔵庫での保管による不発芽、植え付け後のかん水不足や雑草防止不足による生育不良など）は、購入者の責任とする。

　出荷途中に生じる障害は苗木会社が責任を負い、荷受け後の管理不備によって生じる障害は生産者の責任になる内容の契約である。

## 3　苗木の定植

### 発芽前が基本

　苗木の定植適期は発芽前である。地上部だけでなく、新根の発生状態にも注意を払って遅れないように定植する。多くの新根は温度（地温）が7℃になると伸び始めるため、根が動き始める前に植え付けることが望ましい。

　ただ、湿度が飽和に近い状態に保たれた冷蔵庫（0〜3℃）で保管すれば、5月下旬まで定植時期を延ばすことはできる。

### 定植前に1日ほど給水

　冷蔵保存した苗木は定植前に数時間吸水させるとよい。根の内部には水分や養分の植物体内への取り込みや流失を調節するカスパリー線という器官があり、吸水の速さは根のない切り枝などより遅い。根を1時間ほど水に漬けても短時間で体内に取り込まれる水分量は少ない。逆に、2日以上も根を水に漬けておくと根腐れなどしやすいので注意する。

### 植え穴掘りに重機は使わない

　園地の通気性や排水の良否は、園地内に数カ所の穴を掘って地下水位を確認するとよい。

　イタリアの高密植栽培園では、植え穴掘りにバックホーなど大型重機を用いない。植え付け後に樹体が沈降して台木の地上部が短くなることを避けるためである。国内でも過去にバックホーで植え穴を掘った園地で、樹体の沈降によって数年後に強樹勢化した例が多い。注意が必要である。

　改植園の場合、植え穴に新しい土（通路の土で可）を用いると生育不良が回避できる。有機物は完熟したものならよいが、オガクズやバークなど分解の遅い木質部が混ざった堆肥を混ぜ込むと、モンパ病発生のリスクが懸

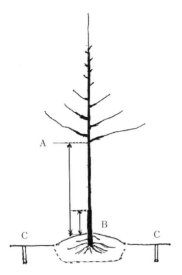

**図7-5 フェザー発生苗木の望ましい姿と定植法**
A；フェザー発生位置：地上80cm以上
　　主幹の長さ：接ぎ木部から1.6〜1.8m
B；台木の地上部：20cmほどを確保
　　深植えを避ける。やや盛り上げて植える
C；排水対策　雪解け水の排水も十分に！
　　幅5cm、深さ20cmの明渠を列の真ん中に掘り、
　　末端排水の方法もある

**図7-6　わい化効果の確保には台木を20cmほど地上部に露出させる**（左、写真はM9台木）
右は短すぎ、強樹勢化を招く

念される。
　スコップで深さと幅が30cmほどの植え穴を掘り、接ぎ木部が埋まらないように台木を20cmほど地表に出して定植する。
　苗木を植え終わったら、株元にしっかりとかん水をして根と土を密着させ、定植直後から新根の発生を促す。ただし、植え付け直後に株元を強く踏み固めないようにする。周囲の土から根域に向かう水分や肥料分の移動が妨げられるためである。
　フェザー発生苗木には移植ストレスのなるべくかからない管理が重要である。定植直後の乾燥ストレスや雑草との競合を回避する管理を徹底したい。かん水と施肥を組み合わせた点滴施肥は、生育促進や改植障害の解消にもっとも効果的である。

## 深植えは避け、地上部台木長20cmを確保

　排水不良園地では、暗渠や明渠の対策とともに、このあとでも述べる1mほどの幅で20〜30cmの高さに表土を盛り上げるカマボコ型の盛りうね栽培（Rised bed方式）を用いると良好な生育が得られる。
　わい性台木樹のわい化効果を高めるためには、台木の地上部を長くするのが効果的だが（図7-6）、地上部が長すぎるとバーノット（気根束）の発生が問題になる（Rom, 1970. Rom and Brown, 1979. 図7-7）。バーノットが多発すると、台木の基部が細って養水分の移動が悪くなる。その結果、樹勢衰弱や果実品質の低下が問題になりやすい（Koike and Tsukahara, 1987）。
　バーノットの多発を防ぐには、台木の地上部長を20cmほどに保つことが基本となるが、耕土の深い園地では植え付け後の沈み込みを考慮して、25cmほど地上に露出させて植える方法もある。欧米では、バーノットの発生しにくい台木育種も重要視されている（Cummins and Aldwinckle, 1995）。

## 盛りうね方式で根域の通気性確保

　果樹の根の生長には十分な酸素が必要で、リンゴなどバラ科の果樹類は土中酸素濃度

**図7-7　M9台木の地上部に発生するバーノット（気根束）**
台木の地上部が長すぎると発生しやすい。また若返ったM9系統に発生しやすい。
全体を取り巻くほどの多発生は養水分の流動を阻害（左）、樹勢衰弱や果実品質の低下、凍害の誘発要因にもなる（中）。
樹勢衰弱などが問題の場合は、土寄せによって解消できる（右）

10％以上で根の機能が高まる。これが、融雪や大雨後の滞水などによって5％以下に低下すると、30分以内に根（新根）の生育が抑制されるという。

　地下水の高い園地では、土壌の通気性改善のために土を盛り上げて果樹を植える方法が古くはローマ時代から用いられてきた（図7-8）。アメリカのフロリダ州南部の地下水位が高い地域では、35万エーカーの土地で盛り土方式によるカンキツ栽培が今も行なわれている。幅1.2m、高さ30cmの盛り土区を設定してリンゴとオウトウを植え、湛水条件での生育比較を行なった試験でも、湿害の発生しにくいことが報告されている（Perry,1984）。

　ただし、盛り土が高すぎると乾燥しやすくなるために点滴かん水が必要となること、盛り土内の地温はやや低い（地温が上がりにくい）傾向があり、最低気温が－25℃ほどに下がるアメリカ・ニューヨーク州では、高うね栽培のモモ樹が冬季に根の凍害を受けた例も報告されている（Maloneyら、1993）。高うねではうねの中心（根冠部）がもっとも乾いて被

**図7-8　根域の通気性が確保できるRaised Bed（盛りうね栽培）**
排水不良・大雨や融雪水の滞水・地下からの湧水が懸念される園地で有効な対策

害が生じやすいため（Obreza,1989）、点滴かん水を設置できない場合は極端な高うねにしないことも重要となる。

　イタリアでは盛り土に換えて、樹列の真ん中に幅10cm、深さ15～20cmの明渠を掘って通気性を確保する方法も用いられつつある（図7-5参照）。

# 4 定植後1～3年目の管理
―― 土壌管理、主幹の固定、側枝誘引

## 樹冠下の雑草防除とかん水管理が決めて

　高密植栽培の成否は、定植後1～3年間の株元の土壌管理（チッソ施肥、雑草防除、かん水）の良否で決まるといわれる。苗木を植えたままで適切な管理を行なわずに多くを枯らしてしまう例も多い。

　アトキンソンは、リンゴ樹を密植すると隣接樹との競合によって生育が抑制され、根の伸びも制限されて接触部で下方に伸びること（Atkinson, 1980）、また樹冠下清耕・通路草生方式の栽培では、根が清耕部に多く分布して、草生部では草の根との競合によって制限気味になることを報告している（Atkinsonら、1977）。これらの成果から、高密植栽培では幹を中心として幅1～1.2mほどを清耕、通路部を草生にする管理が一般的である（図7-9）。また、樹勢制御のために清耕部の幅を狭くすることもある。

　雑草管理には除草剤が利用されるが、イタリア・南チロルでは薬害回避のために定植後数年の若木にはグリホサート系除草剤は使用しない。抑草対策ではほかに黒ポリマルチや稲ワラなどの有機物マルチも効果的だが、野ネズミ対策の問題もあり、一般的でない。

　一方、かん水は、フェザー発生苗木の場合、根量と葉数の多くなる5～6月頃に水分要求量が高まるので、この時期の乾燥ストレス回避が課題である。簡易な点滴装置で乾燥時に一定間隔で必要量をかん水することが最良である。コーネル大学のチェンらは、定植後1～2年目の若木に対して12週間（4月下旬～7月）、週2回間隔でチッソ肥料（液肥）を混入した点滴かん水を行なうことで、優れた生育促進効果の得られることを報告している（Cheng and Fuchigami, 2002. Cheng, 2010）。

　定植した苗木は、新梢が10cmほど伸びた頃に新根からのチッソ吸収が始まるが、根が少ない時期の葉面散布（0.2～0.3％の尿素溶液）は生育促進に効果が高い。

## 主幹を固定し、新根と新葉の発生を促す

　苗木は掘り上げ時に多くの根が切れてしまうため定植後の生育が劣る（移植ショックと呼ぶ）。この移植ショックを軽減するには、新根の発生を促すことである。それには、苗木は定植したらすぐに添え竹や支柱に固定し、傾きや風による揺れを防いでやることが

**図7-9　高密植並木植え栽培は樹冠下清耕・通路草生が基本**
定植後1～5年間の樹冠下の草管理で生育と収量が決まる

重要である（図4-2参照）。横揺れが続くと、土と根の密着が遅れて養水分の吸収が阻害され、新根の発生も遅れる。

苗木から新根の発生が遅れると、根端で合成させる植物ホルモン（サイトカイニン）の量が減り、根から地上部へのサイトカイニンやチッソの供給が不足して、苗木は十分に葉を増やすことができなくなる。

### フェザーと側枝の間引き
──1/2（ハーフ）理論

高密植栽培は、樹冠幅を狭めたトールスピンドル整枝樹を密植することで成り立つ。樹冠幅を狭めた円錐形樹を育てるためには、定植時に主幹と競合する太いフェザーや側枝は切り取る（基部で間引く）ことである。

欧州では、'1/2（ハーフ）理論'と呼ばれる判断指標があり、幹径に対して1/2以上の太さのフェザーや側枝は定植時に基部で切り取り（間引き）、それより細く、長さが30cm以上あるものは下垂誘引するという管理方法（図7-10）が用いられている。

### フェザーの誘引
──水平でなく下垂させる

レスピナッセは、側枝の発生角度と花芽形成、開花、結実、果実の大きさとの関係を研究し、発生角度が45度の枝は栄養生長が強まって花芽が少ないが、水平にすると栄養成長が弱まって花芽が多くなり、下垂した状態では先端伸長がより弱まって花芽が増えることを示した（Lespinasse, 1977）。

近代の果樹園では、早期結実を促す技術として側枝の誘引が重要な管理技術と認識され、水平誘引するスレンダースピンドルブッシュ整枝やバーティカルアクシス整枝が普及、拡大した。しかし、水平誘引した側枝は先端部が立ち上がって伸びるため骨格が太くなり、樹冠が拡大しやすい。そこで、側枝の伸びを弱める方策として下垂誘引を基本とするソラックス整枝（Lespinasse, 1996）や本書のトールスピンドル整枝（Robinsonら, 2006）が考案された（図7-11、図7-12）。

### なぜ下垂誘引が重要か

ペリーは、リンゴの枝の発出角度と伸長のモデルを示し（図7-13）、樹冠の広がりは枝の発出角度や台木で決まるとし、枝を切り返すと先端に新たな新梢が発生して強く伸びるので、密植栽培には先端を切らずに下垂させた枝で構成する円錐形樹を育てることが重要だと述べている（Perry, 2012）。

一般に、リンゴの枝は発出角度が広がるほど伸びが弱くなり、花芽形成も早まる。この

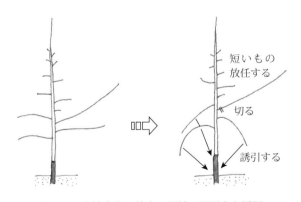

**図7-10　定植直後の若木の側枝の間引きと誘引**
主幹径に対して1/2以上の太い側枝は基部で間引く。残した側枝は長い（30cm以上）ものを下垂誘引する。その他の側枝は放任する

アルミ線を用いた誘引の例

7章　苗木の掘り上げ、定植管理

**図7-11 フェザー発生苗木（2年生カットツリー）の定植直後のせん定と下垂誘引**
矢印の側枝を下垂誘引。その他の短く細い側枝は放置してもよい

**図7-12 トールスピンドル整枝の定植後の管理**
枝の伸びを見ながら誘引する（秋に！翌春に）。写真のように夏に伸長した場合、夏季に下垂誘引する例も

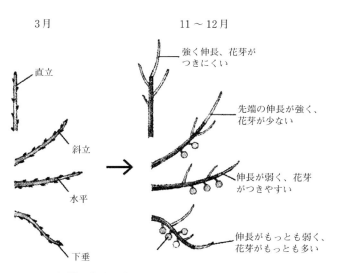

**図7-13 側枝の角度と生育の模式図**（Perry, 2012参考に作図）
下垂させるほどストレスが大きくなり、ホルモンバランスが変わって花芽形成が促進させる

生育特性には、オーキシン、サイトカイニン、ジベレリン、エチレンなどの植物ホルモンの関連が明らかにされている。水平や下垂誘引した枝では、エチレンが一定期間放出されて、花芽形成を促進するサイトカイニンの量が増え、その結果として伸長が抑えられて花芽形成が促進される（図7-14）。

また、針金などで枝を誘引する盆栽の技術に代表されるように、果樹の枝を誘引したり曲げたりすると伸長が抑えられて花芽形成の早まる現象は、「接触形態形成」と呼ばれる（太田、1980）。トールスピンドル整枝は、接触刺激（下垂誘引すること）によって発生するエチレンの作用を利用して、枝の伸長抑制と花芽形成を促す技術

ともいえる。

# 5 下垂誘引の実際

### 時期は発芽前に

現状、国内において均質なフェザー発生苗木を入手することは難しいが、自家生産を含めて入手したフェザー発生苗木は、定植した年にフェザーを下垂誘引して短果枝を育て、翌年はその短果枝に開花結実させることが、高密植栽培を成功させる鍵となる（図7-15）。

前年伸びた枝の下垂誘引は、短果枝（4月下旬～5月上旬に生育停止して短果枝となる）の着生が狙いであるから、誘引の時期は発芽前が望ましい。苗木の樹液流動が始まって枝が柔軟になる3月下旬～4月にかけてである。やむを得ず、発芽後に行なう場合は、発芽した芽を傷付けないように注意する。

### 下垂誘引するフェザー、放置するフェザー

フェザーの本数や長さは苗木によって異なるが、伸長を抑えて花芽形成を促進するための下垂誘引は、30cm以上の長くて太めのフェザーを選んで行なえばよく、短い枝は放置しておく。長くて太めのフェザーを誘引せずに放置すると強く伸びてしまうが、短くて細いフェザーは放置しても強くなりすぎることが少なく、1～2年の間には結実によって下垂状態となる。

### きっちり先端を引き下げる

誘引の程度は図7-16に示すように先端が下垂するように引き下げる。

方法としては、発泡ロープ、麻紐、細いアルミ線などを用いてきっちり引き下げるのが望ましく、ウエイトなどで先端を下げる程度では不十分である。針金（9～12番の軟鉄線など）を種々の長さ（30～50cmほど）に切って両端を湾曲させた誘引用具をつくってお

**図7-14　強めの樹勢の若木の側枝を下垂誘引した例と開花**
側枝の下垂誘引は花芽着生と開花の促進に効果的

**図7-15　フェザーを下垂誘引しなかった若木の姿（高密植栽培に不適）**
植えて側枝の下垂誘引なし・主幹の固定なし
側枝が太って大型化する
花芽の形成促進・伸長抑制には30cm以上の側枝を下垂誘引することが必要
樹冠下の除草も必要

7章　苗木の掘り上げ、定植管理

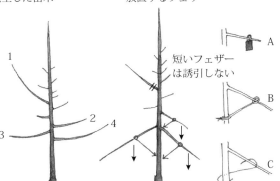

図7-16 定植時（休眠期）の下垂誘引の方法・ポイント

1　太いフェザー（基部で間引く）
2、3、4　30cm以上のフェザー（下垂誘引する）
　A：重りで下げる方法（下垂させることが難しいため不適）
　B：麻紐やアルミ線で引き下げる（○）
　C：針金（軟鉄線）などでつくった誘引具（作業性よく、何年も使える）

けば、省力的に作業できる（図7-16右）。

## 長いフェザーが少ない苗木では

　短いフェザーばかりで長いフェザーの発生していない苗木を植えた場合は、植えて3カ月ほどを過ぎた頃（根が張った状態）に、強めの新梢が伸び始める。このような場合は、夏から初秋に新梢が生育を停止したことを確認したら農作業の合間を見て新梢を下垂誘引しておく（図7-12参照）。生育抑制や短果枝の着生促進（翌春）に効果的である。また、発芽前に集中する誘引作業の分散にもなる。

## 新梢の下垂誘引は定植後3年間が重要

　主幹と主幹延長枝を切り返さないトールスピンドル樹は、定植後3年目の秋には3mほどの樹高になる。
　定植後1～2年を中心に3年間、主幹と主幹延長枝に発生する新梢や側枝の下垂誘引を行なうが、それ以降は結実量が増えるに伴って、誘引が必要となる新梢の発生数は減少して落ち着いた樹勢となる（図7-18）。

図7-17　定植直後に長い（30cm以上）フェザーを下垂誘引した若木
短い枝からは新梢が発生して伸長中（長いものは秋か翌年に下垂誘引）

図7-18　定植後3年間、主幹と主幹延長枝から発生する側枝を下垂誘引して育てたトールスピンドル整枝樹園
（成園・定植後6年目　写真 Kurt Werth）

# 8章
# 高密植栽培の着果管理
## ——定植翌年から収穫する

　M9台木樹のトールスピンドル高密植栽培は、フェザー発生苗木（初期生育に必要な貯蔵養分が確保されているものが望ましい）を植え、定植後2年目から結実させて樹勢を制御することから始まる（図8-1）。

## 1 果実の結実による樹勢制御

### 栄養生長と果実生産のバランス

　高密植栽培を成功させる基本は、樹体成長（栄養生長）と果実生産の均衡を保つことである。

　一般に、普通台木や半わい性台木を用いたリンゴの若木では強い枝が多発して幹が肥大を続け、結実開始期が遅れる。しかし、わい化効果や早期結実効果の得られるわい性台木を用いて早期結実を図れば、高密植栽培に適する'静かな木'（栄養生長と結実のバランスがよい木）を育てることができる。

　高密植栽培は、定植後3～4年で栽植空間

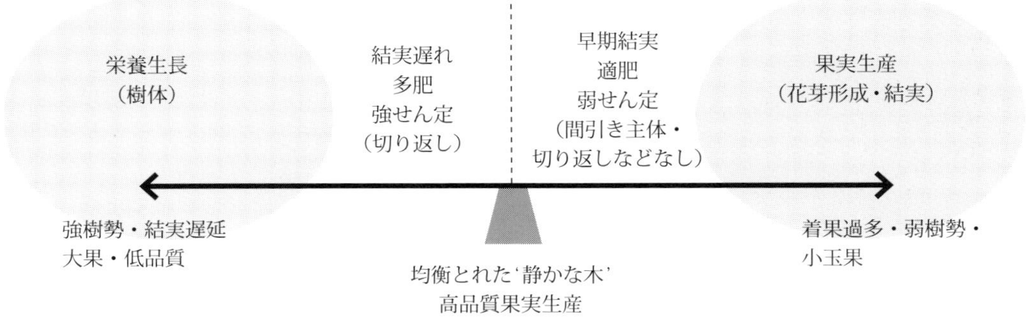

図8-1　イタリア・南チロルのリンゴ高密植栽培（定植後2年目の状況）
フェザー発生苗木の定植、定植の翌年に結実させることが成功のポイント

図8-2　栄養生長と果実生産の均衡（Werth, 2003. Osterreicher, 2004の論評を図説化）

を樹冠で満たし（葉面積を早期確保し）て光合成能を高め、早期結実によって光合成産物の果実への分配率を高め、樹勢を衰弱させることなしに安定した結実を継続する技術である（図8-2）。

### 定植翌年から少しでもならせる

高密植栽培成功の鍵は、定植後2年目に少しでも果実をならせることである。

M9台木に接ぎ木したリンゴの若木は、定植後の3年間に結実させないと強勢化して、高密植栽培に適さない樹勢を示すことが多い。肥沃土壌や過剰なチッソ施肥等の理由で強勢となって花芽着生が遅れた園は、断根処理などで結実促進を図る対処法が必要となる。基本は、イタリア・南チロルの指導者らが提唱している'栄養生長を抑えるには果実を早くならせる'を、実践することである。このことは高密植栽培推進の基本として世界中で用いられている。

### 着果量を増やし、光合成産物の分配率を高める

リンゴ樹は着果量が多いと光合成産物の果実への分配率が増加する。

筆者が、M26台木6年生樹'ふじ'を用いて行なった着果量と乾物の分配に関する研究では、高品質果実の生産と隔年結果の回避のための着果基準は、葉果比で50～60が望ましく、このとき光合成産物の約50％が果実に分配される（小池ら、1990）。わい化効果と光合成産物の果実への分配率が高いM9台木樹では、光合成産物の60％以上が果実に分配されることが報告されている（Forshey and Elfving, 1989）。早期結実性を利用して強勢となりやすい若木の樹勢を抑えることが、密植や高密植栽培を成立させる基本となる。

## 2 適正な着果基準は

### 隔年結果、樹勢衰弱を生じない着果基準

M9台木を用いたリンゴの若木で、定植後3～4年目に着果過多によって樹勢衰弱が、品種によっては隔年結果の生じることが多い。着果量は、樹の生産力（貯蔵養分や光合成能）に応じたものでなければならない。

例えば、200～250gサイズの果実生産を目標とするアメリカでは、高密植リンゴ栽培園のM9台木樹の着果基準が'ガラ'などの隔年結果性のない品種で6果/幹断面積cm²（25～40果/樹・定植後2年目、40～60果/樹・定植後3年目、100～120果/樹・定植後4年目）である。一方、'ハニークリスプ'などの隔年結果しやすい品種は、4果/幹断面積cm²（15～20果/樹・定植後2年目、25～40果/樹・定植後3年目、50～70果/樹・定植後4年目）が指標として示されている（Robinson, 2008. 後述）。

日本では'ふじ'などの主要品種は平均300～350gサイズの果実生産が中心のため、後でも述べるが、幹断面積cm²当たりの適正着果基準は少なめの3.5～5果程度と考えられる。品種別の着果基準の構築が今後の課題である。

### 隔年結果の要因と対策
──種子の数を早期に減らす

リンゴの隔年結果には種々の要因が関係する。例えば、'ふじ'の隔年結果には、幼果の種子で合成される植物ホルモン（ジベレリン）と根で合成されるサイトカイニンのバランスが関与すると考えられている。

リンゴの種子で合成されたジベレリンは、果台枝を中心とした短果枝の花芽分化を阻害する一方、根端で合成されるサイトカイニンは蒸散流で地上部に運ばれて花芽形成を促進

する（Luckwill, 1970. 図8-3）。

また、イーチェンら（2000）が隔年結果性を示す'ふじ'と、隔年結果性を示さない品種'ガラ'を用いて、種子で合成されるジベレリンの組成分析を行なった。その結果、ジベレリンの総量（GAs）は、予想に反して隔年結果性を示さない'ガラ'で多く、'ふじ'で少なかった。一方、ジベレリンの種類（GA4とGA7が主要組成）を比較すると、'ガラ'ではGA4がGA7より多く、'ふじ'はGA7がGA4より多かった。このことから、花芽形成の阻害にはGAs量の総量でなく、GA7が主要因として関係すると報告されている。

いずれにしろ、隔年結果を防ぐには、花芽形成を阻害するジベレリンを合成する種子の数を樹上から早期に減らすことが重要であり（図8-4）、そのためには摘花剤の利用や早期摘果が勧められる。

### 着果負担の早期軽減には摘花剤が有利

日本では、'ふじ'や'シナノドルチェ'が強い隔年結果性を示す。'シナノゴールド'や'シナノスイート'も隔年結果に注意が必要である。

そうした品種に対しては、開花数の多くなる4〜5年生樹になったら摘花剤の利用が効果的である。欧米では摘果剤のカルバリル（ミクロデナポン）の使用が2008年頃から禁止されたため、現在はNAD（アミドチン）、NAA（ナフタレン酢酸）、BA（ビーエー剤）などが摘花剤として用いられている。わが国では、摘花剤として石灰硫黄合剤とギ酸

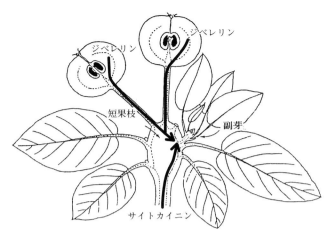

**図8-3　リンゴの花芽形成に関係するホルモンと短果枝**
(Luckwill, 1970)

翌年の花の原基は副芽の中にできる。果実の種子で形成されるジベレリンは花芽形成を阻害し、根から供給されるサイトカイニンは花芽形成を促進する

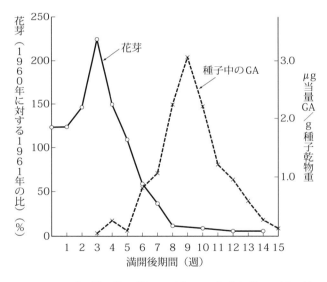

**図8-4　リンゴの満開後の種々の時期の果実除去が同じ短果枝の翌年の花芽着生に及ぼす影響、および果実の生育に伴う種子中のGA含量の変化**（Luckwill, 1970）

カルシウムが登録農薬として使用できる（表8-1）。

石灰硫黄合剤は、開花期に雌しべの柱頭を焼く作用を利用した摘花剤のため、散布時期によって効果が大きく異なる。頂芽の満開日

表8-1　摘花剤の使用法

（2016/08/24現在、登録内容）

|  | 稀釈倍率 | 使用時期 | 回数 |
|---|---|---|---|
| 石灰硫黄合剤 | 100～120倍 | 満開後 | 2回 |
| エコルーキー（ギ酸カルシウム水溶剤） | 100～150倍 | 満開日 | 2回以内 |

注）散布量：300～600ℓ/10a、2回目の散布は2日後

**表8-2　ミクロデナポン水和剤85の使用基準と中心果横径による散布時期**

| 秋田県での使用例 |
|---|
| 　稀釈倍率：1,200倍、散布時期：満開後2～3週間頃、散布量：350～400ℓ/10a<br>　品種別の中心果横径による散布時期<br>　　ふじ・千秋：7mm、王林：12mm、ジョナゴールド：17mm |
| 注）散布：目通りの高さの中心果の横径が、樹全体の30％以上に達したとき |
| 長野県での使用例 |
| 　稀釈倍率：1,000～1,200倍、散布時期：満開後2～3週間頃、散布量：400～450ℓ/10a<br>　品種別の中心果横径による散布時期<br>　　ふじ：10～12mm、紅玉：18～20mm、シナノスイート・シナノゴールド：ふじに準じる |
| 注）散布：目通りの高さの大半の中心果の横径が上記の大きさに達したとき |

図8-5　隔年結果の防止には、幼い果実中の種子の数をできる限り早く少なくする
写真の状態では摘果時期が遅すぎる

（頂芽の中心花が70～80％開花した日）と2日後の2回散布が一般的で、頂芽では側花、腋芽では中心花と側花の摘花がねらいである。この満開日の散布によって、頂芽の側花でほぼ40～50％の摘花効果が得られる。この場合、中心花も10～20％ほどが落花することが多く、開花数の少ない2～3年生樹では頂芽の中心花の結実確保が重要なため、摘花剤は使用しにくい。

一方、摘果剤はミクロデナポン水和剤85などが使用できる。ミクロデナポンは、散布後の気温が高いほど効果が発現しやすいという特徴があり、散布タイミングは品種によって異なる（表8-2）。

高密植栽培では摘花剤と摘果剤どちらも使用できるが、摘花剤の利用が重要視される。花芽の着生が優れるM9台木樹の場合、可能な限り早期に着果負担を軽減することが良品の生産、隔年結果の防止、適樹勢への誘導につながるからである（図8-5）。

また、イタリア・南チロルでは、食塩水（1～3％）の摘花効果の研究も行なわれている。

### 隔年結果性品種の摘花・摘果を早めに

一般的なリンゴ栽培では、花摘み、摘花剤や摘果剤の散布、人手による荒摘果（側果と腋芽の果実の摘果）を満開後30日以内、最終的な着果量を決める仕上げ摘果を満開後60日以内に行なうよう、指導されてきた。

しかし、筆者が'ふじ'を用いて行なった研究では、摘果時期が遅れるほど翌年の花芽分化率は明らかに劣る（Koikeら、2003）。また、

幼果の種子中のジベレリン濃度は満開後60日ほどでピークに達する（図8-4）。隔年結果を防ぐには従来以上の早期摘花・摘果が求められる。そのためには摘花剤の利用が効果的である（表8-3）。

## 3 高密植栽培園の着果基準

### 求められる果実サイズを前提に

贈答文化を背景に、外観の優れる大玉果実が求められる日本と異なり、欧米では丸かじり向きのサイズ（220～250g）の果実生産が目標にされる（図8-6）。リンゴの大きさは品種固有のものがあるが、摘果時期や着果量の違いによっても異なる。

欧米を旅すると、多着果のリンゴ園の光景や店頭に並ぶ小振りなリンゴに驚く。しかしこれは、わい性台木樹だから小さな果実しか生産できないのではなく、欧米の市場が求める丸かじりサイズの果実生産を目的とした結果である（図8-7）。わい性台木に接ぎ木したリンゴ果実は、一般に強勢台木樹より大玉になりやすく、日本国内で高密植栽培を行なう

**表8-3 前年の摘果時期が7年生M9台木樹'ふじ'頂芽の発芽率に及ぼす影響** （Koikeら, 2003）

| 摘果時期（平成12年） | | 頂芽の花芽率(％) |
|---|---|---|
| 荒摘果 | 仕上げ摘果 | （平成13年） |
| 満開後 7日 | 満開後60日 | 75c |
| 〃 17日 | 〃 | 59de |
| 〃 28日 | 〃 | 44cd |
| 〃 37日 | 〃 | 28bc |
| 〃 51日 | 〃 | 20abc |
| 〃 60日 | 〃 | 25abc |
| 〃 74日 | 満開後74日 | 4ab |
| 〃 94日 | 〃 94日 | 2a |
| 対照区 | | 2a |

- 荒摘果　一輪摘果、腋芽の花・幼果をすべて摘み取り、頂芽は側花・果をすべて摘み取った
- 仕上げ摘果　葉果比50～60の基準で各処理日に摘果して着果数を決めた
- 荒摘果と仕上げ摘果の満開後日数が同じ試験区は、示した満開後日数で葉果比50～60の基準で着果数を決めた
- 対照区は無摘果

　abcde；英数字が同一表示の平均値は統計的に有意差のないことを示す

図8-6　220～250gサイズの果実生産が目標のイタリア・南チロルの高密植園
左は、定植2年目のレッドデリシャス、右は5年目ゴールデンデリシャス

図8-7　丸かじりサイズ（200g程度）のリンゴを食べながらお喋りする老婦人
（ベネチア・サンマルコ広場）

のであれば、市場や消費者から求められる300～350gサイズの生産のための着果管理をすればよいだけである。

実際、日本と同様に'ふじ'の栽培面積が多く、大果（300～350g）の生産を目標にしている韓国では、フェザーの発生が多い2年生カットツリー苗木で、定植後2年目10～20果、3年目で30～50果、4年目で60～80果の着果数を目標にしている（Yoon and Kim, 2008）。

### 着果基準は幹断面積当たり果実数・重量で示すといい

欧米では樹体の生育量をもっとも的確に掌握できる指標として幹断面積（接ぎ木部の上30cmの位置で測定）当たりの果実数を指標としている。当然ながら、摘果の時期に樹ごとに測定するのではなく、代表的なサンプルを選抜して幹断面積を測定、幹断面積当たり3果、4果、5果といった着果基準の異なるモデル樹を示して、摘果時期と収穫時期の果実品質を確認することで、望ましい着果基準を掌握する。

### イタリア・南チロルの着果基準（年次別の着果数と収量）

イタリアなど欧州のリンゴ産地に流通するフェザー発生苗木は、約半分が2年生で、40％ほどが1年生苗木である。

これらフェザー発生苗木は、接ぎ木部の上部10cmの位置の幹断面積で規格分けされている。流通する苗木の質と規格が揃っているので、樹齢別・1樹当たり適正着果実数の基準を用いても大きな問題が生じないが、生育差のある苗木を植えた場合は幹径（生育判断に最良の指標）を基準とした着果基準を用いるよう、指導されている。

'ふじ'の場合、フェザーの発生した2年生カットツリーを定植して2年目に20～25果、3年目に40～45果、4年目に50～60果実が指標である（表8-4）。隔年結果を回避するため、'ゴールデンデリシャス'より少なめの指標が指導されている。併せて、摘花剤を用いて早期に樹上にある種子の数を減らすよう指導されている（Thoman and Christanell, 2012. Werth, 2003）。

### アメリカ・ニューヨーク州の着果基準（年次別の着果数と収量）

ニューヨーク州におけるトールスピンドル高密植栽培における着果基準のモデルは、

図8-8 トールスピンドル高密植栽培の5年生ピンクレディー
果数約120果/樹、9t以上/10a（イタリア・南チロル）

表8-4 イタリア・南チロルの高密植栽培での品種別結実数　　（1樹当たり標準果数）

| 定植後・年数 | ゴールデン、ふじ[*1] | ガラ[*2] | レッドデリシャス、ゴールデン[*2] | クリスプピンク、ふじ[*2] |
|---|---|---|---|---|
| 定植当年 | 1～5 | ― | ― | ― |
| 2年目 | 20 | 30～40 | 25～30 | 20～25 |
| 3年目 | 40 | 50～60 | 45～50 | 40～45 |
| 4年目 | 70 | 70～80 | 70～80 | 50～60 |
| 5年目～ | 90 | ― | ― | ― |

注）1年生フェザー苗木と、2年生カットツリーの利用、苗木の質で結実数を調整。
*1は、Werth, 2003、*2は若木での着果指標、Thoman and Christanell, 2012

フェザー（30cm以上）が7本プラス短いフェザーが多数発生したAA基準の苗木で、定植年に1〜5果（大きな苗木の場合）、2年目に20果、3年目に40果、4年目に70果、5年目に90果が基準とされてきた。

しかし、ロビンソンは、プロジェクト研究の成果をもとに、一般的な品種の場合で、幹断面積当たり4〜6果/cm²が基準になるとしている（図8-9、表8-5）。ただし、若木（定植後2〜3年目）では主幹部に多く結実させると、主幹延長枝の伸長を抑えて目標樹高に到達する年数が遅れるとしている。逆に、樹勢が強い木の主幹延長枝の伸長を抑えたい場合には、主幹部の結実を多くすることを勧めている（Robinson, 2008）。

### では日本では……

国内で高密植栽培に取り組む場合、丸かじりに適する小玉果の生産を目的とした欧米とは異なった着果基準が必要となる。過去に日本では、葉果比（果実当たり葉数）と頂芽数（果実当たり頂芽数）を基準に350gサイズを目標とした着果管理が用いられてきた。しかしながら、M9台木を用いたトールスピンドル樹では、強勢樹に比べて徒長枝が少なく、短果枝の着生数が多くなるので、頂芽数を基準とした着果指標は適用しにくい。

やはり幹断面積当たりの着果数で判断するのがよく、長野県などの生産現場では、3.5〜5果/cm²の着果基準が用いられて

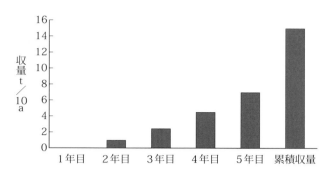

**図8-9　トールスピンドル高密植栽培での年次別着果数と収量目標**
（アメリカ・ニューヨーク州、Robinson, 2008）
10a当たり330本植え、定植後5年間で15tの累積収量が目標

**表8-5　アメリカにおけるM9台木高密植園の着果基準例**
（Robinson, 2008）

|  | ガラ<br>（6果/幹断面積cm²） | ハニークリスプ<br>（4果/幹断面積cm²） |
|---|---|---|
| 2年目 | 25〜40 | 15〜20 |
| 3年目 | 40〜60 | 25〜40 |
| 4年目 | 100〜120 | 50〜70 |

＊日本では平均300〜350gサイズの果実生産が中心、幹断面積cm²当たりの適正着果基準は3.5〜4果程度

**図8-10　'ふじ'/M9　定植後2年目の着果量**
写真の樹は着果数がやや多すぎる。目標は20果程度。
幹断面積（接ぎ木部上30cmで測定）当たり3.5果実程度が目標か

図8-11 'ふじ'/M9ナガノ定植後3年目の着果量

幹断面積(接ぎ木部の上30cm)当たり4果ほどの着果基準。落ち着いた樹勢で、40果/樹ほどの着果量。主幹の中間部にも着果させる。隔年結果の防止のため摘花剤の利用・早期の荒摘果が重要

図8-12　4年生樹の着果量（長野県安曇野市）

3.5〜4果/幹断面積の着果基準（果実の肥大・品質は優れる・商品化率90%以上）

いる。品種によって隔年結果性を示す'ふじ'などは3.5〜4果/cm²、'つがる'や'紅玉'などは4〜5果/cm²の基準を用いている。

今後、国内で栽培される品種については、品種ごとの適正着果基準が確立されることを期待したい。また、高密植栽培の導入による新需要開発を目指したリンゴ生産（小玉で丸かじりサイズの果実生産等）の普及も期待される。新需要に対応した新たな着果管理技術の確立も重要である（図8-10、図8-11、図8-12）。

## ふじ、シナノスイートの品種、年次別の着果数と収量

高密植栽培では、フェザー発生苗木を植え、幹断面積当たり3.5〜5果/cm²で着果させていけば、定植後5年間の累積収量10〜15t/10aも不可能ではない（101ページ図8-9）。

実際、長野県では高密植栽培への取り組みが広がり、表8-6に示すような成果が各地で得られている。

列間4〜4.5mの既存トレリスを利用した改植園が多いが、定植後5年以上を経過した園地では5〜6t/10aの収量が得られているし、薄壁状の樹冠形成による作業性の向上、高品質果実の生産比率が90%に及ぶ収益性の高さに驚く生産者が多い。

栽植本数、苗木の質、定植後の基本管理（除草、かん水、施肥等）などの差によって成果にバラツキはあるが、良質苗木を植えた高密植栽培園（333〜410本/10a植え）であれば、定植後2年目に1〜1.3t、3年目に2.1〜2.6t、4年目に4.3〜5.2t、5年目に6.4〜7.9t、6年目以降は8.5〜10.5t以上の収量の得られることがシミュレーションでき、また実証されつつある（図8-13、表8-7）。

しかし、高密植栽培では栄養生長と結実が均衡した樹勢の維持が重要であり、そのためには前述した通り、貯蔵養分を優先的に消費する幼果を、早くは摘花の段階から、また摘果でも早期に減らすことが重要である。このような早期多収園では、園地寿命を20〜25年と考えて改植による新品種への取り組みを図る栽培体系が成り立つ。

表8-6 長野県下での高密植栽培園の成果（330本/10a換算）

| 品種 | 場所 | 定植後年数・着果数/樹（換算収量 t /10a) | | | |
|---|---|---|---|---|---|
| | | 2年目 | 3年目 | 4年目 | 5年目 |
| つがる | 飯田市 | 10(1.2) | 20(2.4) | 40(4.6) | 60(6.9) |
| つがる* | 飯田市 | 5(0.6) | 15(1.7) | 30(3.4) | 40(4.6) |
| 秋映 | 長野市 | 10(1.2) | 20(2.4) | 50(6.0) | 60(7.0) |
| ふじ | 高森町 | 15(1.7) | 30(3.4) | 50(5.7) | ― |

＊フェザーの発生数が少ない苗木を植えた例

表8-7 日本式トールスピンドル高密植栽培の結実と収量シミュレーション （小池、2016）

| 定植後・年数 | 結実数/樹 | 期待収量（t) | |
|---|---|---|---|
| | | 333本/10a植え | 410本/10a植え |
| 2年目 | 10 | 1.0 | 1.3 |
| 3年目 | 20 | 2.1 | 2.6 |
| 4年目 | 40 | 4.3 | 5.2 |
| 5年目 | 60 | 6.4 | 7.9 |
| 6年目以降 | 80 | 8.5 | 10.5 |

注）栽植距離；株間0.8～1.0m、列間3m、栽植本数；410～333本/10a
フェザー発生1年生苗木（カットツリーより生産力小さい）の利用も含む
結実数と収量（320g平均の果実生産で換算、特秀・秀の果実の生産割合：85％）

図8-13 シナノスイート定植後4年目の着果状況（長野県）

株間1m間隔、既存園の改植のため列間4m。着果量80果（25～30kg）/樹で、300本植え、収量7.5～9t/10aが可能

## 4 トールスピンドル高密植栽培園の果実品質

　マルバカイドウ台木のリンゴ栽培で多いのが、着色不良果や裂果などの発生で、果実の商品化率が60～70％程度の園地が少なくない。一方、高密植栽培で生産される果実は、特秀と秀の等級比率が高く、格外品が少ない。従来の栽培に比較してきわめて収益性の高いのが特徴である（表8-8、表8-9）。

　筆者が携わった長年の台木研究に関する経験でも、適正な樹勢を示すわい性台木樹から生産される果実は、マルバカイドウ台木樹の果実に比較して糖度と酸度が高く、味の濃い、食味の優れる果実であることが明らかである。ただし、M26やM9台木の中間台木利用樹では、地上に長く露出させた中間台木部のバーノットの多発によって果実の果汁が少なくなる（Koikeら、1988）。

　最近では平成20～21年、長野県下で生産された'ふじ'の果実品質・食味を比較した調査結果（長野県普及機関の現地調査）が注目される（表8-10）。マルバカイドウ台木樹とわい性台木樹（M9とJM7）から着色の優れる果実を採集して、台木名を明かさない方法で食味比較テストを行なった結果である。調査は2年間継続して行なわれ、若手農業経営者、ベテラン農業経営者、普及関係者等が参加した。結果は、従来いわれてきたこととは逆に、わい性台木樹の果実のほうがマルバカイドウ台木樹の果実より美味しいということであった。

**表8-8 'つがる'の高密植栽培園と密植栽培園の果実品質等級比較**（長野県内A園、%）

| 品種/台木 | 樹齢 | 特秀・秀 | 3番 | 4番 | 格外* |
|---|---|---|---|---|---|
| つがる/M9[1] | 6年生 | 49.7 | 48.1 | 0.3 | 1.9 |
| つがる/M9/マルバカイドウ[2] | 15年生 | 39.9 | 56.9 | 0.6 | 2.6 |

注）1；トールスピンドル整枝高密栽培、2；細型紡垂形密植栽培
＊A園が所属するJAの選果基準

**表8-9 'ふじ'の高密植栽培園と密植栽培園の果実品質等級比較**（長野県内B園、%）

| 品種/台木 | 樹齢 | 特秀・秀 | 3番 | 4番 | 格外 |
|---|---|---|---|---|---|
| ふじ/M9[1] | 3年生 | 52.4 | 18.5 | 2.1 | 26.9* |
| ふじ/M9/マルバカイドウ[2] | 30年生 | 31.1 | 38.0 | 9.0 | 21.9 |

注）1；トールスピンドル整枝高密栽培、2；細型紡垂形密植栽培
＊'ふじ'/M9 3年生樹園の格外品は凍霜害によるサビ果で、平年はほとんどない

**表8-10 台木別'ふじ'果実の品質**（長野県普及関係現地調査成果、2010年）

| 台木 | 果皮色（カラーチャート値） | 硬度（ポンド） | 糖度（%） |
|---|---|---|---|
| M9 | 4.7±0.59 | 12.3±0.62 | 16.7±0.56 |
| JM7 | 4.7±0.35 | 12.3±0.60 | 17.4±0.82 |
| マルバカイドウ | 4.9±0.46 | 12.0±0.96 | 16.3±0.53 |

注）収穫；M9とJM7台木樹：11月12日、マルバカイドウ台木樹：11月18日（いずれも調査日まで冷蔵）。調査日；11月28日

　適切な管理がなされたM9台木樹の高密植栽培園で食味の優れる果実は生産できるし、果実の商品化率が高くなるのも、このことから明らかなのである。

# 9章
# 目指す樹形と整枝せん定技術

　リンゴの整枝せん定は、先行する多くの研究成果から、表9-1のような基本概念を確認することができる（Ferree and Timothy Rhodus, 1993. Forshey, 1994. Lespinasse, 1980. Myers and Ferree, 1983. Perry, 1996. Marini, 2001）。

　これらの知識を基本として多様な整枝せん定法が考案・工夫されてきた。高密植栽培のトールスピンドルブッシュも同様であり、ある意味でその究極の一つの姿ともいえる。

## 1　特徴は側枝を下垂誘引

　前章でも触れたようにその大きな特徴が、側枝の下垂誘引である。

　これまでの密植栽培で採用されてきたスレンダースピンドル、バーティカルアクシス、細型紡錘形などでは、側枝を水平誘引することが基本とされている（図9-1）。ところが、ここで紹介している高密植栽培様式は、列間3mと樹間0.8～1mを標準とし、品種や土壌条件によってはさらに樹間隔を狭くする。この高密度実現のため、樹冠幅の狭い円錐形樹、トールスピンドルブッシュ（以下、トールスピンドル）が必要となる。

　この樹形では側枝を下垂誘引し、花芽着生前の側枝や主幹延長枝を切り返さないこと、太い骨格枝はつくらず、結実部位を3mほどに高めることが基本となる。これらは、スレンダースピンドルやバーティカルアクシスの側枝の水平誘引を下垂誘引に進化させた技術

表9-1　整枝せん定と樹の生育反応

- 若木の枝先を切るせん定は、栄養生長を強めて、花芽形成を遅らせて、太い骨格枝の形成を促す
- 成木の太枝を切り取るせん定は、木部（材）の貯蔵養分（炭水化物・代謝物・チッソ）を減らし、頂芽（生長点）数を減らし、根量を減らす
- 太枝を中間部で切るせん定（切り戻しせん定）は、大きな切り口付近の陰芽や潜芽から強い新梢の多発を促し、花芽形成を阻害する
- 太枝を基部で間引く（切り取る）せん定は、局部的（切り口から）な新梢発生を促さない
- 直立した枝の先端部を切る（先刈りとも呼ばれ、頂芽は切り取られる）せん定は、頂部優の生理作用によって発芽が抑えられている側芽を休眠から解き放して、発芽伸長させる
- 休眠期のせん定（枝先を切る）は、生育初期の生長ホルモン（サイトカイニン、オーキシン、ジベレリン）をふやして栄養生長を強める
- 夏秋季（8月下旬～10月）のせん定は、葉（葉面積）を減らして、光合成能を低下させて、炭水化物を減少させる
- 夏秋季せん定で樹冠内の光環境を改善すれば、樹冠内部の枝の伸びがよくなる
- 直立した休眠枝から発生する新梢は、直立状態や斜立状態のものがもっとも強く伸び、水平や下垂状態にすると伸びが弱まり、花芽の着生が早まる

▽これらの整枝せん定と樹体生育に関係する知識を基本として多様な整枝せん定法が考案・工夫されてきた
　注）Ferree and Timothy Rhodus, 1993. Forshey, 1994. Lespinasse, 1980. Myers, 1983. Perry, 1996. Marini, 2001. を引用して作成

樹形モデル

スレンダースピンドルブッシュ　　バーティカルアクシス　　トールスピンドルブッシュ

**図9-1　密植・高密植栽培で用いられる整枝法と樹形**
スレンダースピンドルブッシュ：低樹高の円錐形・骨格枝あり、樹幅広い
バーティカルアクシス・細型紡垂形：樹高高めた円錐形・骨格枝あり
トールスピンドルブッシュ：樹高高めた円錐形・骨格枝なし

ともいえる（Robinsonら、2006．図3-3参照）。

## 2　スタートは理想のフェザー発生苗木から

　トールスピンドルによる高密植栽培を成功させるには、繰り返し述べてきたように、早期結実の確保に必要なフェザー（新梢の腋芽から発生させた細い枝）や側枝をもった（M9またはM9と同等のわい化効果と生産効率の証明された台木を使用）を植えて、定植後2年目から果実をならせることが基本である。結実の始まるまでに年数のかかる'棒状苗木'は適さない（図9-2）。

### 30〜40cmのフェザーが3〜7本、短いフェザーが多数発生した苗木が理想

　フェザー発生苗木は、'樹冠が形成された苗木'とも呼ばれる。定植後に30cm以上の長さのフェザーを下垂誘引すれば、多くの花芽が着生して早期結実が可能となる。
　フェザー数の多い苗木の利用が望ましいが、太いフェザーは主幹延長枝の伸長を弱めてしまう。太くて長いフェザーが数本発生した苗木より、30〜40cmのフェザーが3〜7本程度、それ以外は短いフェザーが多数発生した苗木が理想である。
　フェザー発生苗木の定植後の生産力は、フェザーの発生数のみならず、苗木の太さで異なる。幹径の太い苗木は貯蔵養分が多いため生育も優れる。欧米では、生産力の高い2年生カットツリー苗木の利用が推奨されているが、苗木の育成年数にこだわらず、一定の品質を備えたフェザー発生苗木であれば高密植栽培での利用が可能である。

### 全長は1.5〜1.8mが望ましい

　フェザー発生苗木は、'棒状苗木'に比較して主幹延長枝が短くなる。フェザー発生苗木の望ましい地上高は1.5〜1.8mである。

## 3　トールスピンドル樹形の構成要素と管理

### 1本の垂直な主幹と下垂させた側枝で円錐形樹形を育て維持する

　トールスピンドル整枝は、1本の主幹を添え竹などに固定して垂直に維持し、発生する側枝を下垂させることが若木管理の基本である（図9-3）。

**図9-2　早期結実が得られないことで収益性の低い密植並木植え栽培の整枝せん定例**
（左）'棒状苗木'の定植、主幹の切り詰め(a)
（中）側枝の誘引なし、斜立(b)。主幹の切り返しの継続(c)
（右）側枝の斜立、太い骨組みの育成(d)、樹冠の拡大・低い収量

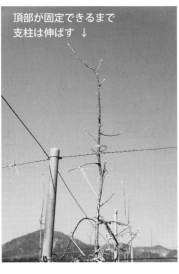

**図9-3　トールスピンドル整枝では主幹の垂直維持が必須**
トレリス＋竹支柱などで主幹を固定し、側枝をバランスよく伸ばす。また側枝を太らせないために、主幹延長枝の風による横揺れ防止が重要

　主幹延長枝が長い苗木を植えた場合、主幹の中間部に側枝が発生しない部位（はげ上がり）のできることが多い。側枝を発生させるには、発芽直前の主幹延長枝を水平に倒し（左右を繰り返す）て発芽後に垂直に戻す方法（図9-4）、休眠芽の上部に目傷処理をして発芽を促す方法などがある（図9-5）。

## 地表から80cmまでのフェザーは切り取る

　側枝を下垂誘引するとはいえ、低い位置から発生したフェザーは誘引できない。地上から80cm以上のフェザーが誘引の対象である。低い位置に発生したフェザーは、定植直後に基部で切り取る（図9-6）。

9章　目指す樹形と整枝せん定技術

**図9-4 主幹の水平誘引（左右繰り返し）で側枝発生を促す方法**
主幹延長枝は切り返さずに列方向に水平誘引、新梢が10cmほど伸びたら逆側に倒し、新梢の発生を促した後に垂直にする

**図9-5 樹勢が強く、定植後に主幹部はげ上がった2年生樹**
主幹延長枝長が60～70cm以上のとき、直立した主幹部に側枝の発生しないことが多い（左）。その場合は目傷処理で発芽を促進することができる。ただし全芽への処理は樹勢を弱める

**図9-7 定植直後からの下垂誘引で多量の花芽が着生した側枝**
長めの側枝にも多くの短果枝（花芽）が着生。結実で落ち着いた状態（'静かな木'）の維持ができる

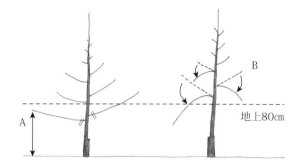

**図9-6 フェザー発生苗木の定植時の下垂誘引は地上80cm以上のフェザーで**
A；発生位置が地上80cm以下のフェザーは基部で切り取る（下垂誘引できない、主幹延長枝の伸びを弱めるため）
B；地上80cm以上から発生したフェザーを下垂誘引する

**図9-8 定植数年後に根が十分張ってから長い側枝を下垂誘引すると、背面の枝が徒長してしまう**
定植直後から根が十分伸びていない状態で下垂誘引し、花芽をつけるのが基本

## フェザーの下垂誘引——定植して根が十分張る前（当年中）に実施

　苗木を定植した年は、根から吸収されるチッソや根端で合成されるサイトカイニンの地上部への供給量が少ない。そのため、定植直後に下垂誘引したフェザーから発生する新梢は徒長しにくい（図9-7）。

　しかし、'棒状苗木'を定植して1～2年間かけて側枝を発生させた若木は、側枝を下垂誘引しても強い新梢が伸びて花芽がつきにくい（図9-8）。多量の根が張った状態で側枝を誘引することで、根から多量のチッソや植物ホルモンが地上部に供給され、水平誘引や下垂誘引しても新梢が強く伸びて花芽がつきにくくなるのである。

　定植年にフェザーを下垂誘引して2年目から結実させた樹では、樹齢が進んで土壌中の水分やチッソを多量に吸収できる生育ステージになっても、光合成産物が果実に優先的に分配されて新梢の徒長が抑えられる。このことが、フェザー発生苗木を植えて、ただちにフェザーを下垂誘引して花芽形成を図らなくてはならない理由である。

## 30cm以下の短いフェザーは誘引不要

　側枝は、誘引角度が広がるにつれて伸長が弱まり、下垂誘引でもっとも伸長が抑制される。トールスピンドル整枝では、分岐角度の広い短い側枝は下垂誘引の必要がない（図9-9）。主幹上に発生したフェザーや側枝は、30cm以上のものを誘引して、短い側枝やフェザーはそのまま放置して、結実してから果実の重みで自然に下垂させる（図9-10）。

　定植後3年目以降になれば、主幹上部には分岐角度の広い側枝の発生が多くなる。斜立気味の太い側枝は間引き、残りは誘引せずに放置して、翌年以降に果実重で垂れ下がるのを待つ。

## 定植後2～3年目の誘引の実際

　誘引は、植え付け後、6月上旬までに行な

**図9-9　フェザーは30cmほどの長いもののみ下垂誘引する**
写真は、短いフェザーも含め全フェザーを下垂誘引した例。短いものは放任状態でよい

**図9-10　フェザーの誘引の有無と生育**
水平誘引が必要な強い長い側枝（新梢）。短い側枝は放置しても果実がなれば下垂する

9章　目指す樹形と整枝せん定技術

×；基部で切る、↓：下垂誘引、]；誘引が必要な部位

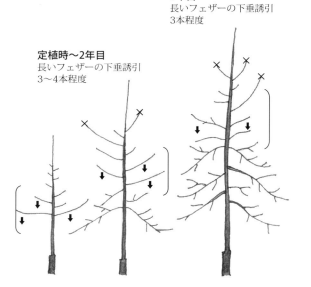

図9-11　フェザー・側枝の下垂誘引モデル（定植時〜4年目）

うようにし、それ以後新たに発生した新梢は伸長が停止する秋（9月頃）に下垂誘引しておくと、翌春の誘引作業が省ける。

　トールスピンドル整枝では主幹や主幹延長枝と競合するような太く強い新梢を発生させないため、その頂部は切り詰めないのが基本だが、苗長1.6〜1.8mのフェザー発生苗木の場合、定植後2年目の落葉期には頂部まで2.5m程度、3年目の落葉期には3m以上の高さに到達する。

　2年目以降の新たな新梢（側枝）は前年伸びた主幹延長枝から発生する。これらの側枝は分岐角度の広いものが多く、立ち上がって強く伸びる側枝は少ない。この樹齢では、休眠期のせん定で幹と競合する太さ（幹径の1/2以上）の側枝を基部から間引く。切らずに残した新しい側枝は、30cm以上のものを発芽前に下垂誘引する（図9-11）。短く細い側枝は誘引せずに放置する。

　定植後3年目になると下垂誘引すべき新た

な側枝の発生数が少なくなり、2〜3本/樹程度となる。誘引の適期、程度、方法は定植年と同様に行なえばよい。

### 太い側枝は基部から間引く

　トールスピンドル整枝では、太い側枝（骨格枝）を育てず、光のよく当たる小さい側枝を数多く育てる。下垂誘引に不都合な地上から80cm以下の位置から発生したフェザーは基部で切り取り、幹径の半分以上の太さのフェザー（側枝）も定植年に基部で間引く（図9-12）。

　また、角度の狭い立ち上がったフェザーは下垂誘引できないので基部で切り取り、残したフェザー（側枝）と主幹延長枝の先端は切らないようにする。太い側枝を育てないための基本である。また、骨格枝を育てないためには、太い側枝を短く切り詰めて残すせん定をしないこと、太い側枝を切らず下垂誘引してしまい側枝同士が近接する場合は、間

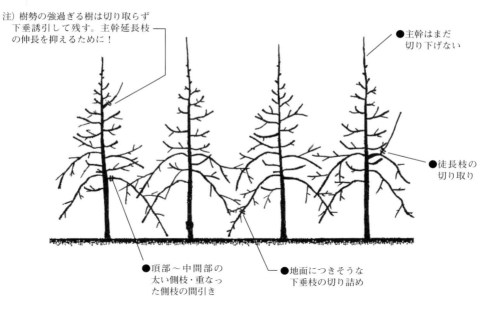

図9-12　トールスピンドル高密植栽培3〜4年生樹の整枝せん定のポイント

引いて間隔を保つようにすることである（図9-13）。

### 樹高（結実部位）3mほどの樹をつくる

　トールスピンドル整枝の結実部の高さは3mほどになる。欧米では、2年生フェザー苗木で（他でも同じ）、定植後3年目の秋に樹高が3mに達することを目標としている。そのためには、主幹延長枝を切り返さず支柱に固定し、横揺れを防ぐことが重要だとしている。

　しかしそれでも、延長枝（新梢）の伸びが思わしくないときは（定植後2〜3年目）、主幹延長枝が7〜10cmに伸びた頃、頂部直下の2〜4番目の芽から発生した新梢を短く切り取って養分競合を減らしてやる。こうすると主幹延長枝（新梢）の伸長を強めることができる（図9-14のB、図9-12も参照）。また、伸長し続ける延長枝は繰り返し支柱に固定してやることも伸長を促すために重要である。このことは各種のフェザー発生苗木に共通する管理である。

　一方、樹勢の強い若木の主幹延長枝を伸ば

図9-13　太い側枝は基部で切り取る！
幹径の1/2以上のフェザーは誘引せず、基部で切り取る。誘引して残した側枝は年ごとに基部で間引いて樹体バランスを保つ。
写真は、太い側枝を間引かず下垂誘引して残した悪例

9章　目指す樹形と整枝せん定技術

したくないときは、頂部付近に下垂させた側枝を多く残し、結実してから間引く方法もある（図9-15）。

### 主幹頂部の切り返し・切り下げは慎重に

トールスピンドル整枝の樹高3mが確保できたあとの樹高の切り下げは、慎重に、年数をかけて行なう（図9-16）。せん定では主幹頂部の太い側枝を間引いて、細めの側枝を残して結実させた後、頂部の勢いが落ち着いた状態で切り下げる。主幹を切り下げても徒長枝が多発しないかどうかの判断力も重要である。

図9-17に示すように、主幹延長枝や側枝の伸びが結実によって弱まった（30cm以上の

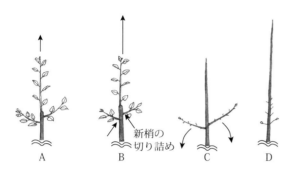

**図9-14 定植後2〜3年目、主幹延長枝の処理と伸長**
（頂部のみの図）
A：主幹延長枝の伸びが強いときは競合枝を放置
B：主幹延長枝の伸びの弱いものは競合枝（新梢）を切り詰め
C：Aの翌春の状態（主幹延長枝の伸び抑制・側枝は下垂誘引する）
D：Bの翌春の状態（延長枝が強く伸びている）

**図9-15 主幹延長枝を伸ばしたくないとき**
競合枝を間引かずに下垂誘引し、結実させてから間引く方法もある。頂部に結実させることで栄養生長を抑えることができる

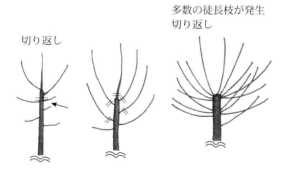

**図9-16 成木の頂部の切り返しで陥りやすい失敗**
若木の頂部を、年数をかけずに頂部に結実しない状態で切り下げると、若木時代、多数の徒長枝が発生する。徒長枝を間引くと、翌年は徒長枝の発生が倍増する翌年以降、徒長枝の間引きと発生数の倍増が継続する悪循環に陥りやすい

**図9-17 主幹頂部3m以上と側枝に果実をならせて栄養生長が弱まった状態**
矢印の位置で切り返してよい。休眠期でなく、仕上げ摘果の時期など夏季に切ると徒長枝の発生が少ない

側枝の発生が少ない) 状態になれば、切り下げても徒長枝の多発する心配は少ない。

頂部付近に結実量が増えて落ち着いた状態になったら、3mほどの位置の細い側枝に切り下げる (図9-18)。仕上げ摘果の時期か、夏季に行なうと徒長枝の発生数を少なくできる。

## 頂部付近の太い側枝は花芽着生前に基部で間引く

主幹頂部の伸長を弱めるには、頂部付近に果実を多くならせると効果的である。頂部付近の太い側枝を間引いて、残した細い側枝に着果させることで頂部の勢いを抑えることができる (図9-19)。頂部に小さい側枝のないときは、太めの側枝を下垂誘引して結実させることも重要である。

## 成木では太めの側枝を毎年2本程度間引く

高密植栽培では太い側枝の更新せん定が重要である。太い側枝を育てると地下の根を太らせて樹勢も強くなる。好適樹勢を示す成木では、毎年2本ほどの太い側枝を間引いて細い側枝の再発を促す(図9-20)。

具体的には、径2～2.5cm以上の太さの側枝を基部で間引く。このとき基部数cm、底部側を長めに残して切るベベルカット法 (図9-21) というやり方で処理をすると、側枝の下側から細い新梢の発生が促される。

また、樹冠内の好適光環境の維持のためには、樹冠上部の太い側枝を優先して間引きする (Robinson, 2008)。側枝数が多すぎると樹齢とともに樹冠内の光環境が低下するので、この場合は近接する側枝を間引く。上部の側

**図9-18　花芽がついて落ち着いた状態の主幹頂部**
こうなれば切り下げても徒長枝の発生は少ない

若木時代は主幹延長枝を切らない、太い側枝を間引いて細い側枝を残す

残した側枝は切り詰め・先刈りをせずに花芽形成を促し、早期に結実させる

主幹延長枝にも結実させて自然に下垂させる

頂部に細い側枝を残して結実させることで頂部の栄養生長を抑えてから切り下げる

**図9-19　結実部を3～3.5mに抑える成木頂部の切り返し法**
細い側枝を含めて頂部に結実させることで栄養生長を抑えた後に、目標の高さに切り詰める

9章　目指す樹形と整枝せん定技術

図9-20 径が2〜2.5cm以上に肥大した側枝は間引き更新する
好適樹勢の成木では年間1〜2本程度

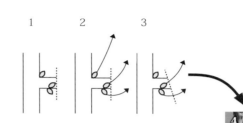

1：基部を5cmほど残してカット
2：まっすぐ切り落とすと背面の芽が立ち上がる
3：ベベルカットと呼ばれる方法（基部を長めに斜めに切る）で切る。
　低面や横面に位置する芽を伸ばすと角度の広い枝が出やすい
4：ベベルカットで発生した新梢、1本を下垂誘引すればよい

図9-21　太い側枝の間引きは基部を残して新梢を再発生させる

枝を優先して間引くと光環境の改善効果が高まる（図9-22）。

### 下垂側枝の切り詰めは花芽着生後に

下垂誘引後、数年を経過して結実量が増えた側枝は、先端部の伸びが弱りやすい（5〜10cm以下）。そうなった側枝は、先端部を1/3ほど切り詰めても強勢化することがない（図9-23）。下の側枝にかぶるような上位の側枝、先端が地面に着きそうな側枝なども先端を切り詰める。しかし、切り詰める側枝数が多いと、翌年に多少強めの新梢が吹いたにしても、樹体全体では多量の貯蔵養分を減らすことになり、樹勢低下を招く。切りすぎには注意が必要である。残した側枝は、光環境が良好であれば高品質果実の生産の継続が可能である。

なお側枝を多数残すには、側枝上に分枝し

**図9-22　定植後25年を経過した高密植栽培'ふじ'園（発芽時、列間3m×樹間1m）**
a：頂部に太い側枝を形成した樹園（整枝せん定の悪い例）
　頂部の切り返し時期、太い側枝の間引き等の方法を間違うと、このような樹形になりやすい。これでは高品質生産はできない
b：太い側枝（径2.5cm以上）の間引きせん定を継続した樹園（望ましい例）
　下垂させた側枝は、先端の切り詰めせん定で樹冠幅を狭く維持することが可能。25年以上高密植栽培が継続できる（イタリア・南チロル、by Kurt Werth）
「トールスピンドルせん定法の検討と技術のポイント（国際シンポジウムより）」

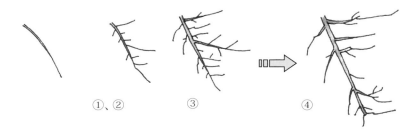

**図9-23　下垂誘引した側枝の分枝を解消する**
①、②フェザーを下垂誘引、短果枝を着生させる
③せん定前：側枝上の太い分枝を切り取る・先端の弱い部分を切り詰める（→）
④せん定後：側枝は円筒形にすると隣接の側枝と交叉しにくい

伸びが10cm以下になるような先端部は切り詰めてもよい。ただし、すべての枝を切り詰めない
太い枝分かれが生じた場合は←印の枝を切り取る

た大きめの枝（二股などでは一方）を切り取り、円筒形の枝姿を目指すと隣接の側枝と交差しにくくなる（図9-23の④）。

### 主幹延長枝の長さから樹勢を判断

　主幹延長枝がシーズン中にどれだけ伸びたかを、休眠期に見て生育を診断する方法がある（Robinsonら、2006．図9-24）。
　まず、定植1年目は根が少なく、主幹延長枝の伸びは40〜50cmが一般的である。
　根が活着した2年目は、主幹延長枝が75〜100cmほど伸びる状態が好適といえる。肥沃土壌でチッソを多く施肥したり、深植えで台木の地上部が短くなった園地では、1m以上に伸びて花芽の着生も少ない。このような園地では、樹勢を制御するために断根などの処理（後述）が必要となる。
　3年目は、着果実量が増えることで主幹延

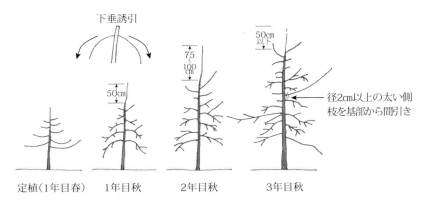

**図9-24 トールスレンダースピンドルブッシュ樹の高密植栽培での生育診断指標**
(Robinsonら、2006．の論評から引用して作図)

苗木を植えた年の秋：主幹の延長枝50cm程度（根が多くないため）
2年目の秋：主幹の延長枝が75〜100cm伸長（根付いた証拠になる）
3年目の秋：主幹の延長枝が50cm程度伸長（結実が始まり樹勢が抑制された証拠）。結実させない樹では、延長枝や側枝が強大化。高密植が難しくなる

長枝の伸びは50cm程度に落ち着き、樹高は3mほどの高さに到達していることが望ましい。

4年目以降は、主幹延長枝が毎年40〜50cmほど伸び、下垂誘引した側枝からは15〜20cmの新梢の発生が続く状態が好適樹勢の指標となる。

## 4 夏・秋季せん定は必要に応じて行なう

リンゴ樹の効率的果実生産と花芽の充実には樹冠内の光環境が重要で、高密植栽培においても、成園状態では繁茂状態を考慮した夏・秋季管理が必要となる。

### 樹冠内への光線透過を改善・着色管理も

トールスピンドル高密植樹では、樹冠によって形成される垣根状の壁の厚みを基部で150cmほど、頂部で45cmほどに維持する(Robinson, 2013)。定植後7〜8年以上を経過した園地では、この幅から外側に伸びる新梢が多くなることがある。これらは秋に切り取ることで樹冠内の光環境を改善できる（図9-25）。

夏・秋季せん定には、樹冠内への光線透過を改善する効果と樹勢を抑える効果がある。しかし、夏・秋季せん定で葉を減らすと光合成量が減って幹や根の肥大が抑えられることもある。多数の新梢を切り取れば貯蔵養分の減少につながる。夏・秋季せん定は実施時期に注意が必要である。

### 夏・秋季せん定は9月下旬〜10月初旬

早期に夏・秋季せん定を行なうと、生育停止状態の短・中果枝が再発芽しやすい。再発芽した中・短果枝は、花芽分化の遅れと充実不足によって翌春に「象鼻状」と呼ばれる花軸の肥厚した花、小果、奇形果などが発生しやすい。

多くの新梢が生育停止して、'初期休眠'と呼ばれる生理状態に至った後が夏季せん定の適期である。この時期になれば、新梢を切除しても中・短果枝の再発芽が認められなくなる。筆者が長野県で行なった実験では、8月中旬までの夏季せん定で再発芽が多く、8月

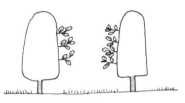

樹冠から広がる新梢のみ
カットする

**図9-25　トールスピンドル高密植栽培園の夏・秋季せん定の実際**
樹体が、初期休眠・一時休眠の生理状態に導入した頃（8月下旬以降）が適期。壁状の樹冠から外側に広がる新梢のみを切る。せん定時期が早すぎると短果枝の発芽伸長が問題となる
（写真は9月中下旬にせん定。通路に落ちた枯れた新梢数に注意。わずかの量）

下旬になると少なくなり、9月中旬以降は再発芽を認めなかった。

ロビンソンも、ニューヨーク州の成園化したトールスピンドル高密植栽培園で、夏・秋季せん定によって樹冠下部の相対日射量と照度が10％ほど増えること、6月上旬～8月上中旬までの夏季せん定では短果枝の多くが発芽して伸長するが、8月下旬以降の秋季せん定では生育停止芽の再発芽が少ないことを報告している（Robinson, 2013）。

イタリア・南チロルでも、夏・秋季せん定は9月中下旬以降に行なっている。切り取る新梢数はごく少量である。

夏・秋季せん定は、成園化した状態の樹勢の強い品種（'ふじ'など）の園地に限って用い、過度のせん定は避ける、時期は9月中下旬～10月上中旬に着色管理を兼ねて行なうのが望ましい。

## 5　強樹勢対策のための断根処理

トールスピンドル高密植栽培も、地力チッソや施肥量の過多、初期結実の遅れ、深植え（台木の地上部が短い）、定植後4～5年目の過剰着果や荒摘果の遅れによる隔年結果などによって強樹勢化することがある。このような園では、栄養生長を抑えて花芽形成の促進を図ることを目的に断根処理が行なわれる。

適期は発芽直前の3月上中旬であるが、発芽直後から開花期にかけての処理では、処理が遅くなるほど樹勢抑制効果は高まるが、果実の肥大不良などが問題となりやすい。

イタリア・南チロルでは、株元から30～40cmの位置を30cmほどの深さでサブソイラーを通している（Werth, 2003）。樹列の両側を処理すると樹勢が衰弱することがあり、片側のみを処理することが多い（図9-26）。

断根処理をすると多数の新根（細根）が発生する。この細根から、花芽形成を促進する植物ホルモン（サイトカイニン）が多量に地上部に供給され、花芽形成が促される。断根後の樹勢維持には、処理後1～2ヵ月間は乾燥状態を観察しながらの定期的なかん水が必要となる。

なお、欧米ではトラクターにサブソイラーを装着して行なわれるが、若木であればスコップで樹単位でも可能である。ただし、深植えによって台木の地上部が短い園地、植え

**図9-26　サブソイラーによる強勢樹・隔年結果樹の断根処理**
（イタリア・南チロル、写真：Kurt Werth）

適期は3月中下旬、株元から30cmほどの位置を20〜30cmの深さで断根（左下）。
左上；隔年結果樹の5年生樹をサブソイラーで断根（3月下旬）
右上；地力チッソが多く、徒長気味な定植後2年目の幼木の断根
　　（矢印位置）

付けに重機を用いたことで樹体が沈み込んで強勢化した園地などでは、断根による樹勢抑制は難しい。
　このような整枝せん定法、断根などの樹勢制御法を組み合わせることで、イタリア・南チロルでは樹齢20〜25年生の高密植栽培園で適樹勢と高品質果実の生産が維持されている。

# 10章
# 高密植栽培園の施肥法

## 1 チッソ施肥の考え方

### チッソ供給源は三つ

落葉果樹が利用できるチッソには3種類の供給源がある。秋に樹体内に蓄えられた貯蔵チッソ、土壌中の有機物から放出される地力チッソ、人的に施用される施肥チッソである。

落葉果樹は、前年の秋に体内に蓄えられた貯蔵チッソを利用して生育を始める。土壌中の有機物から放出される地力チッソの量は微生物の働きと地温によって異なるため、必ずしも生育必要量と適合するものではない。春季に多量のチッソを施肥すると、地温の上昇する夏季に多量に放出される地力チッソと相まってチッソ過剰となりやすいので、チッソの施肥量は、過剰と不足にならないように適正量を決めることが重要となる（図10-1、10-2）。

### 生育ステージとチッソの吸収量

リンゴ樹の体内チッソ含量は、新梢が伸びて果実の肥大成長が盛んになる早春から初夏までは高く（葉中チッソ3.2％ほど）、新梢が停止して果実の成熟が始まる時期に向かって徐々に低下していく（同1.8～2.2％）のが好ましい

（Cheng and Fuchigami, 2002）。チッソ施肥もこのことを基本に考える。

チェンらによると、ニューヨーク州のトールスピンドル高密植園の成園（M9台木樹）で、年間に必要とするチッソ量は12.5～20kg/10aである。同州のリンゴ園の多くは有機物含量が3％ほどで、これから土壌微生物によって無機化される地力チッソの量が年間12.5～17.5kg/10aある。うち30～60％がリンゴ樹によって吸収されるという（Chengら、2012）。つまり3.75kgから10.5kgほどの地力チッソが利用される恰好だ。しかし、土壌中から放出される地力チッソの量は有機物

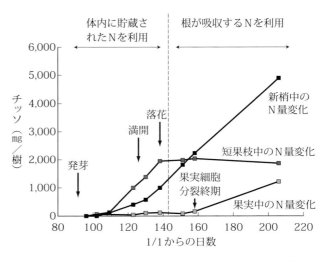

**図10-1 リンゴの樹の生育と利用されるチッソ（N）の種類**
満開前まで：前年に体内に貯えられたチッソ(N)
開花後：根から吸収されるチッソ(N)
果実へのチッソの流入：細胞分裂が終わったあと（Nielsenら、2006）

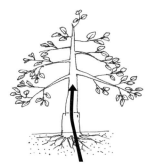

図10-2 生育初期は貯蔵チッソと代謝物の利用、葉が出て伸長する時期に土中からチッソを吸収し始める
（Cheng, and Fuchigami, 2002）を参考に作図

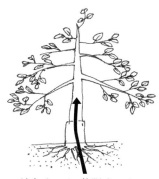

図10-3 リンゴ園の地力チッソ放出量と成木リンゴ樹の吸収
（Cheng and Nielsen, 2002を参考に作図）
・リンゴ樹（成木）の年間のチッソ必要量は 12.5～20kg /10a
・一般的リンゴ園（有機物含量3%）の地力チッソ放出量は 12.5～17.5kg /10a
・高密植園リンゴ園（成木）の地力チッソ吸収率は 30～60%

含量と気温によって変動するので、生育を判断しながら一定量のチッソ施肥が行なわれる。その量の決定には葉分析を行なって必要量を適期に与えるようにすることが望ましい（図10-3）。今後、国内において、簡易な葉中チッソ推定法の開発が望まれる。

## 2 具体的な施肥法

### 幼木、若木、成木の葉中チッソレベル

チェン（2004）は、リンゴ高密植栽培での樹体の栄養診断法として葉分析を勧めている。表10-1は、トールスピンドル高密植栽培園で好適樹勢を示すリンゴ樹の葉中チッソレベル（7月中旬～8月中旬）である。

果実品質への影響を考慮する必要のない未結実の若木では、極端に強樹勢とならない程度で生育を促すために2.4～2.6%（高濃度）の葉中チッソが目標とされる。結実が始まった若木（3～4年生樹）では、果実品質への影響を考慮して2.2～2.4%（やや低め）を目標としている。

また、根域や根量が増えて多量の果実が結実した成木樹では、新梢の徒長防止と高品質果実の生産に適する1.8～2.2%（低め）の葉中チッソを好適濃度の指標としている。

表10-1 高密植リンゴ栽培園での望ましい葉中チッソレベル（7/中旬～8/中旬、Cheng and Schupp, 2004）

| | |
|---|---|
| 未結実のリンゴ若木 | 2.4～2.6% |
| 結実したリンゴ若木 | 2.2～2.4% |
| 成木早生など軟肉果実品種 | 1.8～2.2%（ゴールデンデリシャス、紅玉など） |
| 成木晩生など硬肉果実品種 | 2.0～2.4%（ガラ、デリシャスなど） |

注）一般にチッソ施肥量を10%多くすると、葉中のチッソ濃度は0.1%増加する

### 定植直後は無施肥、
### かん水と除草に注力

　高密植栽培で用いるM9台木のフェザー発生苗木は、大きな地上部に比較して根量が少ない（掘り上げ時の断根による）。そのため、定植後80日間ほどは根からのチッソ吸収が少ない。代わりに、樹体内に貯蔵されたチッソの約50％が新根と新梢の生育のために使われる（Nielsenら、2001）。結局、土壌中のチッソは新梢伸長が始まるまでほとんど吸収されないので、苗木には一定量の貯蔵チッソの含有が求められる。フェザー苗木は発芽前に定植し、定植して3～4週間はかん水だけを行ない、施肥は活着して新根の増える初夏頃から始めるとよい。

　方法としては、液肥を簡易点滴かん水と組み合わせたやり方（Fertigation、ファーティゲーション法）がもっとも効果的で、施肥量の削減も可能と報告されている（Cheng and Nielsen、2002）。また、尿素や化成肥料を株元に数回に分けて施肥する方法や、新梢が伸び始めた頃から0.2％濃度の尿素を1～2週間間隔で3～4回葉面散布する方法も効果的である。

　具体的な例として、アメリカ・オハイオ州の施肥基準（Spectrum Analytic Inc.）が参考になる。リンゴ高密植園の定植年のチッソ施肥は以下の通りである。

　まず、定植前の畑に約4.5kg/10aのチッソを散布して耕うんする。緑肥作物を栽培している場合は9kg/10aのチッソを散布して耕うんする。

　定植後1～2年は、根が活着した頃からチッソを45～100g/樹、数回に分けて株元に広げて散布する。その後、生育を観察してチッソ施肥量を加減する。新梢は側枝先端で25cmほど、主幹延長枝で60cmほど伸びていることが望ましい。

　葉分析ができない場合、土壌分析のデータをもとに施肥量を決めるが、葉分析が委託できれば7月上中旬に葉中チッソ含量を測定し、少ないときは葉面散布や追肥を行なう。若木の適樹勢は、葉中チッソが2.4～2.6％で得られる。

　定植後数カ月間の管理（根域へのかん水と雑草防除の良否）が高密植栽培園の収益性を大きく左右すると述べた。それとともに、定植当年の適切なチッソ施肥が重要である（Dongら、2004）。

### 若木～成木のチッソ施肥は

　欧米の高密植栽培園では、土壌と葉分析のデータをもとにチッソ施肥量を決めている。また、その施肥は吸収効率の高い生育期間中に行なわれる。すなわち、発芽期から新梢の生長初期と、果実品質に影響の少ない収穫直前か直後の晩秋に分けて行なうのが一般的である。

　生育シーズン初期に施用したチッソは、主に葉を含めた新梢や果実の肥大成長に使われる。一方、晩秋に施用したチッソは樹体内に貯蔵されて、翌春の発芽、新梢の初期成長、開花、ならびに若い果実の初期生育に使われる。ただし、晩秋に土壌施用したチッソの吸収率は早春に比べて低いので、落葉後の休眠期施肥は推奨されていない。

## 3　チッソ施肥量の決定

　アメリカ・ニューヨーク州では生産者に対し、園地土壌と葉中チッソの分析を関係機関（分析センター）に依頼し、その数値と観察による生育状況（葉色、新梢の生育、果実品質など）を付き合わせて、感覚的に樹体内チッソが把握できるように勧めている（表10-2）。

　葉色から葉中チッソの多少を判断する適期は夏季で、分析値と観察によって施肥（秋肥）の必要性や量を決めることが理想とされている（Cheng and Fuchigami、2002）。

表10-2　アメリカ・ニューヨーク州の施肥例

- 発芽3週間前に土壌分析を行なう。おもに土壌中の地力チッソの値を分析する
- 地力チッソが少ないときは、開花2～3週間前に施肥を行なう（尿素や化成肥料）
- 満開後3週間頃、7月中旬～8月中旬、葉中チッソの分析を行なう（依頼分析）
- 葉中チッソ濃度を判断して、チッソ施肥の必要性を判断する
- 収穫後、花芽確保と貯蔵チッソを高めるため必要に応じて尿素の2回施用とホウ素などの葉面散布を行なう

表10-3　リンゴM9台木樹の樹体内チッソ含量（Nielsen and Nielsen, 2002）

| 品種/台木 | 樹齢 | チッソ含量g/樹 | g/10a（333本） |
|---|---|---|---|
| ゴールデンデリシャス/M9 | 定植時の苗木 | 2.27 | 740 |
| デールデンデリシャス/M9 | 定植後1年目の秋 | 8.22 | 2,660 |
| エルスター/M9 | 定植後4年目の秋 | 19.85 | 6,440 |

表10-4　高密植栽培リンゴ樹の果実と落葉によって園地から除かれるチッソ量
（Nielsen and Nielsen, 2002）

| 品種・台木（樹齢） | 1樹当たり(g) | 10a当たり(kg) |
|---|---|---|
| ゴールデンデリシャス/M9（1年生樹） | 2.7 | 0.89 |
| ガラ/M9 | 6.5 | 2.17 |
| エルスター/M9 | 10.2 | 3.40 |
| ガラ/M9 | 12.3 | 4.10 |

注）収穫果実と落葉のチッソ含量から推測できるM9台木リンゴ樹の樹体内チッソ含量/年
　栽植本数（330本/10a）で換算

## 樹体内チッソ含量から推定した必要施肥量は…

　ニールセンは、定植した苗木（M9台木）のチッソ含量が2.27g、定植後4年目では19.85gとなり、333本植えの高密植栽培条件に換算すると10a当たりで0.76～6.61kgの樹体内チッソ含有量になることを報告している（Nielsen, 2002．表10-3）。

　また、M9台木リンゴ樹の高密植栽培園（330本/10a植え）において、果実と落葉によって除かれるチッソ量が、定植1年目の'ゴールデンデリシャス'で0.89kg（10a当たり、以下同）、3年生の'ガラ'で2.17kg、4年生の'エルスター'で3.4kg、6年生の'ガラ'で4.1kgであることを報告している（表10-4）。

　6年生樹'ガラ'園で果実と落葉とによって持ち出されるチッソ量は、チェンら（2012）が示した成園化した高密植リンゴ園の年間必要チッソ量（12.5～20.0kg）の約20～32％にあたる。

　このように、定植後6年生樹（最大の樹サイズに達し、根域が広がった状態）の高密植園のリンゴ樹が土中チッソの約3割を利用していると考えれば、土壌分析や葉分析を通じてチェックし、毎年その必要とする量の施肥量を調整していく必要が理解できる。

## 秋肥と春肥に分ける必要性

　ニールセン（2002）は、エルスター/M9台木3年生樹を用いて、長く伸びる新梢の葉のチッソ、早期に伸長停止する短果枝の葉のチッソ、果実内のチッソを分析した結果、新梢葉中のチッソの約50％、短果枝の葉中チッソの90％、果実のチッソの60％が、前年に樹体内に蓄積された貯蔵チッソ由来であることを明らかにしている。この結果から、リンゴ樹の初期生育の促進には貯蔵チッソが重要で、土壌中のチッソ（地力チッソと施肥チッソ）は新梢の伸びが盛んになる頃に多く吸収

表10-5　果樹の樹体内チッソの状態を外観で判断するための指標

| 観察ポイント | | チッソ不足樹 | チッソ適正樹 | チッソ過多樹 |
|---|---|---|---|---|
| 平均新梢長 | （結実樹） | 10cm以下 | 10～30cm | 30～50cm |
| | （未結実樹） | 25cm以下 | 25～60cm | 60～100cm |
| 葉の大きさ | | 小・薄い | 中～平均 | 大・厚い・先端部しわ |
| 葉色 | | 黄緑 | 緑 | 濃緑 |
| 落葉 | | 早・赤い葉脈 | ふつう・薄緑に退色 | 初霜まで濃緑色 |
| 樹皮色 | | 赤褐色 | 灰色～暗灰褐色 | 緑灰色～灰色 |
| 結実量 | | 小・生理落下 | ふつう | 結実減 |
| 果実の大きさ | | 小果 | ふつう | 大果 |
| 果実の着色 | | 優着色・早 | ふつう | 不良・遅い |
| 果実の地色 | | 黄色・早 | ふつう | 緑・黄緑 |
| 果実成熟 | | 早い | ふつう | 5～10日遅れ |

注）Spectrum Analytic Inc.（アメリカ・オハイオ州）

表10-6　リンゴ密植栽培におけるチッソ施肥法（カナダ・ブリティッシュコロンビア州）

1. 土壌施肥の方法：定植前の畑：4.5kg/10aのチッソを散布・耕うん
2. 未結実樹（定植後1～2年）：チッソ　45～100g/樹を与える
　　葉分析ができない場合
　　　　生育状態の観察でチッソ施肥量を加減
　　　　25～60cmの新梢長（主幹や側枝の先端）が望ましい
　　夏季の葉分析を利用する場合
　　　　葉中チッソ量が少ないとき：葉面散布や追肥（溶液施肥が効果的）
　　　　若木の適樹勢：葉中チッソ2.4～2.6％で得られる
3. 結実樹（定植後3～4年目以降）：チッソ4.5kg/10a/年を与える
　　葉分析ができない場合
　　　　土壌分析で土中チッソ含量が多い場合は、チッソ施肥を行なわないか少量に削減
　　　　有機物含量が3～4％の肥沃な土壌の園地：数年間チッソ施肥必要としない園多い
　　葉分析による場合
　　　　新梢長（20～30cmがよい）
　　　　葉中チッソにより施肥の必要性や量を調整する
　　　　早生・軟果肉品種：1.8～2.2％、中晩生・硬肉品種：2.2～2.4％（好適チッソ濃度）
4. チッソの施肥法
　　樹冠下に年数回に分けて施用する
　　夏季（7月中旬以降）の土壌施肥は不適。着色不良や耐凍性の低下招く
　　一般的に、10％の施肥量増減により葉中チッソは0.1％変化する

(Fruit Tree Nutrition. BC Tree Fruit Production Guide)

されるため、チッソは必要量を春肥と秋肥に分けて行なうことが望ましいことを明らかにしている。

## 欧米では葉分析に基づく施肥が基準

土壌分析や葉分析に基づく施肥の研究が進む欧米では、公的・民間両サイドによる分析サービスをもとにした適正施肥量の決定がなされている。

一方、わが国では、土壌分析に基づいた施肥基準の設定が産地の研究機関で行なわれているが、葉分析に基づく園地別の施肥量の決定は行なわれていない。そうしたなか、大玉生産を目指す国内のリンゴ園では、欧米に比べてチッソ施肥量の多い傾向といえる。欧米と同様、葉分析に基づいた施肥基準の設定が望まれるが、一方で生産者は、園地や樹体の観察から栄養状況を判断し、施肥に活かしていくことも重要である。

表10-5に、アメリカ・オハイオ州Spectrum社による樹体内チッソの状態を判断する基準を、表10-6には、カナダ・ブリ

ティッシュコロンビア州におけるリンゴ密植栽培園でのチッソ施肥法を示した。参考にしてほしい。

葉分析ができなくても、こうしたリンゴ樹の生育や果実品質の観察に基づく施肥の調節は重要だが、葉分析を行なってみるとチッソ過多の園地の多さが目立つという。その手法を国内でも早く確立することが望まれる。

## 4 高密植栽培の施肥の実例

### イタリア・南チロルの例

イタリア・南チロルでは、普及センター（南チロル技術普及協会 The South Tyrolean Advisory Service）が全農家の園地の土壌分析と葉分析を数年おきに実施して、施肥の必要性と施肥量を決めている。かつて同地のチッソ施肥量は20kg/10aであったが、最近は平均で0～7kg/10aほどとなっている。チッソ施肥量が減ったことで、適樹勢の維持と果実品質の均質化が可能になったという（表10-7）。

チッソ施肥は冬や早春といった休眠期には行なわず、開花期から結実初期の頃に行なう。またこの時期の施肥は、若木に対して少量行なうのが一般的で、成木園では、肥沃度の劣る土壌や前年に多着果させて樹勢が弱い場合に限って施す。

それ以外は、夏季に葉分析を行なって貯蔵チッソを確保するための秋季施肥を検討する。葉色が薄く、新梢伸張が劣り、葉中チッソが1.8％ほど以下の値で秋肥が必要な場合は、収穫後に2～4kg/10aのチッソを施用する。葉面散布法を用いる場合は、収穫後（10月下旬～11月）に尿素（3％濃度）を1～2週間間隔で2回ほど行なう。葉分析でチッソ濃度が高い場合は施肥しない。高いチッソ濃度が継続（遅効き）すると、新梢の停止が遅れて耐凍性の獲得が遅くなる（Tagliavini, 2002）。11月下旬以降（落葉後）はチッソを土壌施用

**表10-7 高密植リンゴ栽培園の標準的施肥量**
（イタリア・南チロル、成園、Kurt Werth, 1999口頭）

| 成分 | kg/10a |
|---|---|
| リン酸 | 1～2 |
| カリ | 6～10 |
| マグネシウム | 2～3 |
| ホウ素 | 0.05～0.07 |
| チッソ | 0～7 |

注）葉分析値を参考にして肥料は必要なだけ与える

しない。多くが吸収されずに流亡してしまうためである。

### 韓国の例

韓国のリンゴの施肥基準は従来、チッソ12～15kg、リン酸6～8kg、カリ1～12kgで、葉中のチッソ濃度は2.5～2.9％が望ましいとされてきた。生産者はこれを1～3t/10aの堆肥と少量の化学肥料で対応してきた。

その後、1990年代後半、M9台木を用いたリンゴ密植栽培への取り組みが始まり、適正葉中チッソ濃度が2.3～2.8％に是正された。しかし、チッソの多施用による強樹勢化で早期結実ができずに過繁茂状態になる園地、逆にチッソ施肥量を極端に減らして定植後3～5年目に樹勢衰弱が生じる園地などが発生し、問題となった。そして弱樹勢化した園地では、1月中旬～2月の気温変化（温暖な日の後の低温）による凍害（幹の南西側に発生）が問題となった。そこで最近は、アメリカでの指導基準に近い施肥量と施肥法が指導されている（Yoon and Kim, 2008）。

### 長野県の例と課題
――'ふじ'の秋肥に注意

長野県におけるリンゴわい化栽培の施肥基準は、表10-8の通りである。

県内で取り組まれている高密植栽培では現在、弱樹勢から強樹勢まで多様な園地が見られる。これは、もともとの園地の肥沃度、苗木の品質、定植後3年間の管理（除草、かん水など）の良否、せん定法（誘引方法や枝の切

**表10-8　長野県におけるリンゴのチッソ施肥法と考え方**　　（長野県果樹指導指針より）

| 土壌肥沃土 | チッソ施肥量 | 施肥時期と配分 |
|---|---|---|
| 上位 | 12kg | 11～3月：80% |
| 中位 | 15kg | 9月：20% |
| 下位 | 20kg | |

注）6月までに吸収されるチッソは、果実の肥大と新梢の伸長を促進

　　7・8月に吸収されるチッソは、新梢の伸長停止を遅らせ、果実着色を低下させる

　　9月以降に吸収されるチッソは、花芽の充実、貯蔵養分の増加に効果的で、果実品質への影響少ない

　　ただし、強樹勢樹への9月施肥では果実品質（着色不良）への影響が大きい

り返しの有無）の違い、若木の着果管理の差に加え、施肥量の多少が関わっていると考えられる。

　欧米の高密植栽培'ふじ'園の施肥基準は、長野県のそれに比べるとかなり少ない。欧米並みの施肥量の検討も必要であろう。その場合、欧米の春肥と秋肥に基づく施肥法は、早生種や中性種では体系が組みやすいが、晩生種の'ふじ'の秋肥は時期や施肥量に注意が必要である。蜜入りを待つために収穫期を遅らせる傾向の強い'ふじ'の栽培では、収穫前にチッソを多く与えると果実の着色不良や新梢の遅伸びなどの問題が懸念され、落葉期近くまで果実をならせる栽培では尿素の葉面散布も難しいためである。

　現在までに、長野県内で取り組まれている高密植栽培園では、チッソ過多や不足による強樹勢化や衰弱などが認められ、従来の密植栽培とは異なった施肥体系の必要性が認められている。JA全農長野・営農センターは、高密植栽培を取り組む組合員に以下のようなチッソ施肥の考え方を示している。

・定植年は6月中旬～7月下旬に硫安（50～70g/樹）を与える
・若木と成木への施肥は、秋肥と春肥に分けて行なう
・早生種と中生種に対して、秋肥（9月中旬～10月上旬）としてチッソ3～6kg/10aを与える。春肥（3月下旬～5月）としてチッソ3～7kg/10aを与える
・施肥の必要性や施肥量は、樹勢を判断して上記の範囲内で増減させる
・晩生種'ふじ'では、樹勢の強い園地での施肥は少量に抑え、樹勢が弱めの場合は収穫直前や直後（落葉前）に施肥をする。今後、収穫後の尿素の葉面散布法も検討する

　今後は、欧米の果樹園で実施されているように、土壌診断に加えて夏季の葉分析に基づいた効率的な施肥方法の確立が望まれる。

# 11章
# 凍害ほか障害対策

## 1 若木で発生しやすい凍害

　高密植栽培では、干害、湿害、凍害、野ネズミ害、幹部の病虫害、果実の日焼け障害、雪害などに注意する必要がある。

### 樹木の休眠と耐凍性の獲得と消失

　リンゴわい性台木樹の凍害は、定植後2～6年目の樹皮が薄い若木で発生しやすい。
　体内のチッソ不足、干ばつ害、湿害等の原因で樹勢が衰弱した樹や、多着果によって貯蔵養分の不足した樹で発生が多く、凍害回避には落葉果樹の休眠と耐凍性の生理を理解することが重要となる。
　落葉果樹は、日長が短くなって継続的に気温が下がると落葉して、体内では低温順応の生理作用が進行する。耐凍性を高め、やがてそれを徐々に弱め、発芽に向け準備するまでの一連のプロセスは次の通り、3段階ある。
　第一ステージ（自発休眠導入期）は新梢の停止時に始まる。樹体内では炭水化物の蓄積が始まる。
　第二ステージ（自発休眠の真ん中）は落葉後に生じる深い休眠状態となる時期である。このとき細胞は水分を、細胞膜を通じて細胞間隙に放出する。細胞からの水分放出は1月中旬頃までに最大値となる。細胞内に水分が多いと、凍結で形成されるクリスタル（角張った結晶）が細胞や細胞膜を壊して凍害が発生する。しかし水分を放出して乾燥状態となった細胞は、樹体が凍結状態になっても細胞の外側（細胞間隙）にある水が凍るため、破壊を回避できる（図11-1）。
　そして春になると、温度と樹体温の上昇に伴って細胞内への吸水が始まる。この時期に低温が続くと、細胞は細胞内の水分をふたたび細胞間隙に放出して乾燥プロセスに戻る。このような変化を繰り返しながら、発芽に向けた第三ステージ（自発休眠の後期）が続き、耐凍性は徐々に弱まっていく（図11-2）。
　凍害は、この耐凍性を獲得する前や低下させた後に、植物が耐えられる凍結温度以下に冷やされたときに発生する。例えば、11月の気温が高めに経過して12月に突発的にきびしい寒波が来襲したり、1～3月に温暖な日が多かったりすると発生することが多い。リンゴでは若木で発生しやすく、地表部に近い幹の南側や南西側に被害が現われるのが特徴的である（酒井，1967）。これは、南と南西側が冬季の晴天日に日射で暖められ、樹体温が上昇することで耐凍性が失われやすいためである（図11-3）。
　外気温が0℃近い冬季の晴天日の午後に測定された樹木の幹温度は、南と南西側で高く、温度の上昇しにくい北側とは25℃もの差のある例も報告されている（酒井，1967）。

### 幹に白ペンキ塗布、稲ワラ巻付けなど

　若木の凍害防止には、地際部から地上70cm～1mの部位に白塗剤を塗布するとよい。日射による樹体温の激変を防ぐことが重要

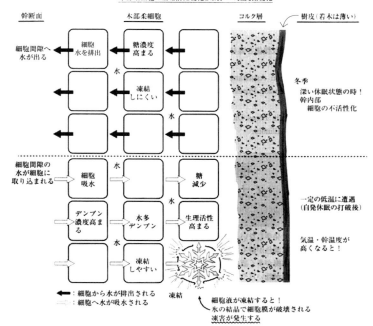

**図11-1　樹木の休眠と細胞内・細胞間隙への水分の移動と耐凍性**
（堀、2012. 酒井、1967., 斉藤. を参考に作図）

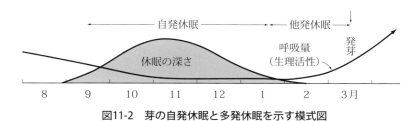

**図11-2　芽の自発休眠と多発休眠を示す模式図**

**図11-3　凍害（幹の南西側の凍害）の例**
台木の地際部から幹の地上1mほどに白塗剤を塗ったり、南西側の温度上昇を防げる資材を巻き付けるなどの対策が優れる（図11-5参照）

11章　凍害ほか障害対策

**図11-4 凍害防止のための白塗剤の塗布**
← もっとも耐凍性が劣る地際部から地上1mほどを塗布する。南西側が重要。処理は越冬前に。樹皮の薄い5年生樹までは塗布を継続したい
↑ 苗木を掘らずに越冬させる場合も処理する

**図11-5 台木の地際部から幹に稲ワラを巻くのも凍害防止に効果的**
保温効果でなく、遮光による台木と幹部の昇温防止のために行なう。通気性があるので冬期に幹部が暖まりにくい

で、白塗剤処理は樹皮が厚くなって防寒効果が高まる定植後5〜6年まで継続する。若木の幹は、地際に近づくほど耐凍性が劣るため、白ペンキや白塗剤は地面ぎりぎりまで白く塗る（図11-4）。地際に塗り残しのある場合は、越冬前に株元へ土寄せをして、塗り残し部を露出させない注意が必要である。

欧米では、白色で厚みのあるプラスチックや紙製（通気確保の穴あり）の幹部凍害防止資材（Trunk Guardなどの名称）が販売されている。国内では、白塗剤の塗布とともに、稲ワラを幹の地際部に巻き付ける方法も広く用いられている（図11-5）。稲ワラは白色ではないが、通気性が確保されていることで優れた昇温防止効果が得られる。

このほか排水対策による土壌の通気性確保、盛りうね法による融雪水の停滞回避なども重要である。

## 2 幹部や根部の病虫害と野ネズミ被害

わい性台木を用いたリンゴ樹は、発芽が始まると生育不良や凍害などの症状が顕在化しやすい。水田転換園での排水不良や樹勢衰弱に起因した凍害が多いが、土壌病害や害虫の加害とともに野ネズミの被害が原因であることも多い。被害回避には、観察による原因解明と対策が必要となる。

### 病害虫による幹部や根部の被害

幹部や根部で問題となる病害には、疫病、白紋羽病、紫紋羽病、腐らん病、胴枯病などがある。発生を認めた場合は薬剤灌注や散布などによる適切な防除を行なう。

カミキリムシやコウモリガの被害は、樹冠下に雑草が生えた条件で多発するため、樹冠

下は清耕管理にすることが望ましい。高密植栽培では、樹冠下清耕・通路草生による土壌表面管理が基本である。

胴枯病やキクイムシなどの被害は、幹が凍害を受けた樹体で問題となりやすい。凍害を受けた幹部組織に胴枯病菌が感染して樹勢が弱り、樹勢の弱った樹の幹部にキクイムシが加害、食入して枯死に至らせるパターンが多い。キクイムシは健全な樹勢の樹には加害することが少ないため、園地土壌の通気性確保による凍害回避や雑草防除などの土壌管理の徹底による適樹勢の維持が被害回避の基本となる。

### 野ネズミ被害
──対策を怠ると被害は甚大

JM7台木は野ネズミにもっとも好まれる台木として知られるが、M9を中心とするM系の台木も野ネズミに好まれ（Cummins and Aldwinckle, 1983）、対策を怠ると甚大な被害を受ける（図11-6）。とくに遊休荒廃地、数年の耕作放棄地、草地などを利用した新規開園では対策が欠かせない。

野ネズミには数種類があり、リンゴ園では体長が10～12cmのハタネズミの被害が多い。巣を中心として周辺15～20mほどが行動範囲で、姿の隠せる条件を好み、畦畔際などに営巣して近隣の果樹の地下部（根や幹部）を食害する。

春と秋が繁殖期で、年間に5～9回ほど出産する。一回に生む子の数は3～9匹、子は誕生後35日ほどで成熟して交尾する。

園地に巣穴が認められる場合は、かなり多数の生息数を予想した駆除対策が必要となる。生息環境と食べ物があれば個体数はネズミ算式に増えて、営巣や生息域を果樹園地内に広げて大被害を与えることになる。

図11-6　畦畔や側溝などに面した側の被害が大きい野ネズミの被害

観察を通じた忌避剤・殺鼠剤による対策を怠らないことが重要
越冬前に限らずシーズンを通じた観察と対策を

### 野ネズミ対策
──園地環境整備、忌避剤利用

野ネズミ対策としては、まず除草などの園地環境の整備、樹冠下の除草と有機物やポリマルチの除去（冬季間）、金網やプラスチック素材による幹と根冠部の保護などがある。園内をとにかく野ネズミの好む環境にしないための整備と管理が重要である。

野ネズミによるリンゴの樹体被害は、草の根などの餌が不足する冬季に多く、多積雪地域では常習的に被害が生じる。リンゴ高密植栽培への取り組みでは、生育期間中の観察による駆除と秋季（積雪前）の野ネズミ被害防止策を徹底する。

野ネズミの忌避剤としては、ネマモール粒剤30やフジワン粒剤などが登録されている。降雪前、樹冠下に忌避剤を散粒してレーキなどで混和して鎮圧する。このとき、冬季の餌となるギシギシなどの雑草が多いときは、グリホサート剤などの処理で根を枯らしておく。

殺鼠剤ではヤソヂオンが効果的に利用できる。餌の不足する積雪前や融雪直後に野ネズミの開けた穴に剤を投与する。穴の観察を続けて生息が予想されるときは投与を継続する。

**図11-7 'ふじ'の日焼け症状（左；日焼け、右；日焼け褐変）**
日焼け（Sunburn）は果面の壊死を伴う。果面温度が48℃に10分間以上になると発生する。日焼け褐変（Sunburn Browning）は、果皮が1時間ほど45〜47℃に達すると発生

　また、園地内に餌場（ベイトステーション）をつくっておびき寄せる方法が効果的である。積雪前に稲ワラなどを用いたベイトステーションを10a当たり4〜5カ所ほど設置し、ヤソヂオンを各50〜70個ほど与える。野ネズミの分布が広がっている場合は、ベイトステーションの数を増やして分散して設置する。古い瓦を並木植えの樹冠下に分散配置し、その下にヤソヂオンなど殺鼠剤をばらまくやり方もある。

　定植後の高密植園に限らず、苗木畑やM9台木の取り木圃場などの野ネズミ被害が懸念される条件では、忌避剤や殺鼠剤による被害回避や駆除が可能である。

　市販の殺鼠剤の使用にあたっては、保管や使用法などを確認して事故の起きない対処が必要である。

## 3 果実の日焼け発生の要因と回避

### 着色管理と日焼けの発生

　気孔をもたないリンゴの果実は蒸散をほとんどしないため、表面温度が上昇しやすい。気温が高い真夏には、直射日光が当たった果面温度が50℃以上になり、高温によって表皮細胞が壊死することで日焼け障害が発生しやすい。

　一般的に、アントシアンやフラボノイドなどの植物体に含まれるフェノール物質は、紫外線を吸収して日焼けを防ぐ作用がある。樹上のリンゴは、直接光線の当たらない果実の陰光面では前記の色素が形成されにくいため、直射光線に曝されると陽光面より日焼けが生じやすくなる。このため、高温時の葉摘みや玉回し作業は日焼け障害のリスクを高めることになる。

　ワシントン州立大学のシュレーダーは、果実の日焼け障害を3種類に区分している（Schraderら, 2003）。

　果実の表面温度が48℃に10分間ほど曝されると発生する'Sunburn'（果面の壊死を伴う日焼け症状）、果皮温度が1時間ほど45〜47℃に達したときに紫外線で引き起こされる'Sunburn Browning'（日焼け褐変・果皮細胞組織の壊死によりネクロシスと呼ばれる褐変症状が数日後に現われる）、果面の一部が白く変色し黒変する'Photo-Oxidative Sunburn'（日陰に位置した果実などが直射光線（紫外線-B）に突発的に曝された場合に生じる光酸化による障害）である（図11-7）。

　樹冠内の光環境が優れるトールスピンドル高密植栽培は、果実が幼果期から紫外線に曝

**図11-8 トールスピンドル高密植栽培（'つがる'/M9）の着色管理と日焼け果の回避**
葉摘み作業は果実の周りの葉を少量摘み取る程度にしたい。摘み過ぎると、晩生種では次年の貯蔵養分の蓄積減につながる（左は摘み過ぎ）
日焼け防止には寒冷紗などの被覆も効果がある

される期間が長いため、大型樹より日焼け障害果の発生比率が少ないと考えられている。しかし、温暖化による異常気象や異常高温が通年化する条件下では、葉摘み玉回しなどの作業による日焼け発生を回避する対策が重要となる。摘み取る葉数を最低限に抑える対策や寒冷紗を用いた日焼け対策などが必要であろう。

とくにトールスピンドル樹高密植栽培では徒長枝の発生も少なく、全体の葉数も少ない。樹勢が強く、徒長枝の発生も多いマルバカイドウ台木樹と同様の基準で葉摘みや玉回し作業を行なうのは避けたいところである。

### 葉摘み時期、量は慎重に

葉摘み作業は、果実の着色が始まった後に始め、果実面に接触する少数の葉のみを摘み取る程度が望ましい。また、高密植栽培で寒冷紗などを用いて日よけをする場合は、列の南や西側に張るのが望ましく、寒冷紗は遮光率が高いほど日焼け軽減効果は高い（図11-8右）。

また、葉の摘み取りは糖の合成量を減らすことになるため、必要以上に摘み取らないように注意する。

## 4 雪害の回避

積雪が1.5～2mを超える多積雪地域でのリンゴ栽培は、大型樹でも小型樹でも雪害の回避が重要となる。しかし同じ多積雪地域でも、雪害の発生頻度は地域によって異なる。例えば、日本は湿気を含んだ重い雪が多く、着雪を含めて枝折れ被害などをもたらすことが多い。一方、アメリカ内陸部のリンゴ産地では乾いた雪が多いため雪害の頻度が低い。

もちろん例外はある。2014年冬にアメリカ・ミシガン州で、ミシガン湖の湿気を含んだ大雪によるリンゴ樹の枝折れ被害が大発生した。被害は、密植栽培園の若木から成木までに認められたが、地上から1m付近の位置に水平誘引されている太い側枝の枝折れ害が多かった。一方、トールスピンドル樹は側枝の下垂誘引により雪害が回避されたことが報告されている（Perry, 2014）。

**図11-9 雪害に比較的強いトールスピンドル樹**
豪雪地帯では地上1.5mまでの側枝が雪害を受けやすい（左；スレンダースピンドル樹）。右は、側枝の交叉分岐による下垂誘引の例（トールスピンドル樹の下部側枝）

　国内でも、スレンダースピンドルブッシュ整枝や細型紡垂形整枝樹による密植栽培で、地表から1～2mの位置で水平誘引された骨格枝の雪害被害が問題となりやすい。側枝を下垂誘引するトールスピンドル整枝樹なら、より雪害に強いと考えられる。

　雪害に対しては、若木の主幹を傾かないように支柱とトレリスに固定する、積雪下に位置するトレリスの架線（地表から1.5mほど以下）を冬季間は外す、低い位置（地表から80～100cm以下）の側枝を残さないこと、側枝は下垂誘引する、最下段の側枝は引っぱり強度がもっとも強まるとされる交叉分岐法で下垂誘引するなどの工夫が効果的である（図11-9）。

# 参考文献

## ●第1章　リンゴの栽培様式とせん定法

Forshey, C. G. and M. W. McKee. 1970. Production efficiency of a large and a small 'McIntosh' apple tree. HortScience 5 (3): 164-65.

Heinicke, D. R. 1963. The micro-climate of fruit trees. II. Foliage and light distribution patterns in apple trees. Proceedings of the American Society Horticultural Science, Alexandria, v.83, p.1-11,

Koike. H. and K.Tsukahara. 1987. Apple production in Japan. Compact Fruit Tree. 20:53-59.

Koike. H. and K. Tsukahara. 1987. The performance of Japanese apple varieties on experimental rootstock and interstocks. Compact Fruit Tree. 20:124-138.

小池洋男・宮川健一・塚原一幸．1983．リンゴわい性台樹の整枝に関する研究（第1報）苗木の副梢（フェザー）発生に対する植物調節剤の効果．長野果試報．1: 10-20.

Koike. H., K. Tsukahara and Y. Kobayashi. 1988. Influence of planting depth on growth, yield and fruit quality of M.26 interstem Fuji apple trees. J. Japan. Soc. Hort. Sci. 57(3): 360-365.

小池洋男・牧田　弘・塚原一幸．1993．リンゴ樹の生育に及ぼすACLS Vフリー M.9台木の影響・園学雑．62 (3): 499-504.1993.

Lespinasse, J. M. 1980. La conduite du pommier: II. l'axe vertical. La rénovation de verges. Paris: I NVUFLEC, 1980. 120p.

Lespinasse, J. M. 1996. Apple orchard management practices in France: From the vertical axis to the SolAxe. Compact Fruit Tree, Tâsmania, v.29, a. 83-88.

Palmer, J. W. and J. E. Jackson. 1977. Seasonal light interception and canopy development in hedgerow and bed system apple orchards. Journal of Applied Ecology, Oxford, v.14, p.539-549.

Robinson, T. 2011. Advances in apple culture worldwide 1. Department of Horticulture New York State Agricultural Experiment Station Cornell University 630 W. North Street Geneva, NY 14456 USA.

玉井　浩・小野　剛・小池洋男・茂原　泉・飯島章彦．2002．リンゴ台木M．9 の4系統の形態的特性とM.9Naganoの取り木繁殖．園学研．1 (4): 241-244.

Tamai, H., H. Koike., T. Ono. and I. Shigehara. 2003. Performance of Rakuraku-Fuji on JM.7 and M.9Nagano rootstocks and M.9Nagano/Maruba interstem combination in Japan. J.Amer.Pomol.Soc. 57:157-160.

Webster, T. 1993. The status of apple rootstock development at East Malling. Compact News. 2: 3-6

Wertheim, S. J., A. De. Jager. and M. J. J. P. Duyzens. 1986. Comparison of single-row and multi-row planting systems with apple, with regard to productivity, fruit size and color, and light conditions. Acta Horticulturae, The Hague, v.160, p.243-258.

Wertheim, S. J. 1998, Rootstock guide: apple, pear, cherry, European plum. Netherlands: Fruit Research Station, 1998. 144p.

Wertheim, S. J. 2000. Developments in Dutch apple plantings. Acta Horticulturae, The Hague, v.513, p.261-269.,

## ●第2章 世界に広がる高密植栽培

Barritt, B. H. 2000. Selecting an orchard system for apples. 2000. The Compact Fruit Tree. 33: 89-92.

Berg, A. V. D. 2003. Certified Nursery Tree Production in Holland. The Compact Fruit Tree, 36, Number 2.

Catalano, L. 2004. The role of the Italian nursery association in the framework of the Italian certification scheme. ppt. slide show. CIVI-Italia Coordinator.

Demarree, A., T. L. Robinson and S. A. Hoying. 2003. Economics and the orchard system decision. Compact Fruit Tree, Tasmânia, n.36, p. 42-49.

Ferree, D. C. and Rodas, W. T. 1987. Early performance and economic value of feathered apple trees on semi-standard rootstocks. Journal of the American Society Horticultural Science, Alexandria, v.112, p. 906-909.

小池洋男・宮川健一・塚原一幸．1983．リンゴわい性台樹の整枝に関する研究(第1報)苗木の副梢(フェザー)発生に対する植物調節剤の効果．長野果試報．1：10-20.

Lespinasse, J. M. 1996. Apple orchard management practices in France: From the vertical axis to the SolAxe. Compact Fruit Tree, Tâsmania, b.29, c.83-88.

Palmer, J. W. and J. E. Jackson. 1977. Seasonal light interception and canopy development in headge row and bed system apple orchards. Journal of Applied Ecology, Oxford, v.14, p.539-549.

Palmer, J. W. 1999. High Density Orchards: An Option for New Zealand ? HortResearch Nelson Research Center, Motueka, New Zealand. Presented at the 42nd Annual IDFTA Conference, February 20-24, 1999, Hamilton, Ontario, Canada.

Robinson, T. L. and W. C. Stiles. 1991. Maximizing the performance of newly planted apple trees. Proceedings of the New York State Horticultural Society, Tallahassee, v.136, p.199-205.

Robinson, T. L., S. A. Hoying and G. L. Reginato. 2006. The Tall Spindle apple planting system. New York Fruit Quarterly, New York, v.14, n.2, p.21-28.

Thomann. M and J. Christanell. 2012. November 09 Future Orchard. 2012 Walk. Modern Apple Growing In South Tyrol. Beratungsring Group South Tyrol.

Van Oosten, H. J. 1978. Effect of initial tree quality on yield. Acta Horticulturae, The Hague, v.65, p.123-127, 1978.

Werth, K. 2003. The Latest Apple Production Techniques in South Tyrol, Italy. The Compact Fruit Tree, 36: Number 2.

Wertheim, S. J. 1998. Apple rootstocks. In: S. J. Wertheim (ed.), Rootstock Guide. Fruit Research Station, Wilhelminadorp, pp. 19-60.


## ●第3章 従来の密植栽培との違いは

Cain, J. C. 1970. Optimum tree density for apple orchards. HortScience, Alexandria, v.5. p. 232-234.

Corelli, L. and S. Sansavani. 1989. Light management and photosynthesis related to planting density and canopy management in apple. Acta Horticulturae, The Hague, v.243, p.159-174.

Forshey, C. G. and M. W. McKee. 1970. Production efficiency of a large and a small 'McIntosh' apple tree. HortScience 5 (3): 164-65.

Forshey, C. G. and D. A. Elfing. 1989. The relationship between vegetative growth and fruiting in apples. Hort. Rev. 11:229-287.

Heinicke, D. R. 1963. The micro-climate of fruit trees. II. Foliage and light distribution patterns in apple trees. Proceedings of the American Society Horticultural Science, Alexandria, v.83, p.1-11,

Jackson, J. E. 1970. Aspects of light climate within apple orchards. Journal of Applied Ecology. Oxford. v.7, p. 207-216.

Jackson, J. E. 1980. Light interception and utilization by orchard systems. Horticultural Reviews. New York. V.2. p.208-267.

小池洋男．1993．リンゴわい性台木樹の生育特性と生産構造に関する研究．長野果試報．4：1-120．

Lespinasse, J. M. 1977. La conduite du pommier: I. types de fructification. Incidence sur la conduite de l'arbre. Paris: INVUFLEC, 1977. 80p.

Lespinasse, J. M. 1980. La conduite du pommier: II. l'axe vertical. La rénovation de verges. Paris: INVUFLEC, 1980. 120p.

Looney, N. E. 1968. Light regimes within standard size apple trees as determined spectro-photometrically. Proceedings of the American Society Horticultural Science, Alexandria. v.93, p.1-6.

Palmer, J. W. and J. E. Jackson. 1973. Effects of tree population and variations in spacing within and between rows of 'Golden Delicious' on M.9. Maidstone: East Malling Research Station. 1973. p. 66-68

Palmer, J. W. and J. E. Jackson. 1977. Seasonal light interception and canopy development in hedgerow and bed system apple orchards. Journal of Applied Ecology, Oxford, v.14, p.539-549.

Robinson, T. L., E. J. Seeley and B. H. Barritt. 1983. Effect of light environment and spur age on 'Delicious' apple fruit size and quality. Journal of the American Society Horticultural Science. Alexandria. v.108. p. 855-861.

Robinson, T. L. and A. N. Lakso. 1991. Bases of yield and production efficiency in apple orchard systems. Journal of the American Society Horticultural Science. Alexandria. v.116. p. 188-194.

Robinson, T. L., A. N. Lakso and Z. Ren. 1991. Modifying apple tree canopies for improved production efficiency. HortScience. Alexandria. v.26. p. 1005-1012.

Robinson T. L., S. A. Hoying and G. L. Reginato. 2006. The Tall Spindle apple planting system. New York Fruit Quarterly. New York. v.14. n. 2. p.21-28.

Robinson. T. L. 2011. Advances in apple culture worldwide 1. Department of Horticulture New York State Agricultural Experiment Station Cornell University 630 W. North Street Geneva, NY 14456 USA.

Robinson. T. A., S. Hoying., A. DeMarree and M. Miranda. 2-14. Vision for Apple Orchards of the Future. www.coloradofruit.org/pdf/2014pdftalks/TRobinsonfu-true pdf

Sansavini, S., D. Bassi and L. Giunchil. 1981. Tree efficiency and fruit quality in high-density apple orchards. Acta Horticulturae. The Hague. v.114. p.114-136.

髙橋国昭．1998．果樹の物質生産と栽培技術．p. 2-107．髙橋国昭編著．物質生産理論による落葉果樹の高生産技術．農文協．東京．

Wertheim. S. J. 2000. Developments in Dutch apple plantings. Acta Horticulturae. The Hague. v.513. p. 261-269.

Werth. K. 2003. The Latest Apple Production Techniques in South Tyrol, Italy. The Compact Fruit Tree. 36. Number 2.

## ●第4章　圃場の準備と台木特性

Atkinson, D. 1973. The root system of Fortune/M9. Rpt. E. Mailing Res Sta. for 1972. p. 72-78.

Atkinson, D., D. Naylor and G. A. Coldrick. 1976. The effect of tree spacing on the apple root system. Horticulture Research 16: 89–105.

Atkinson, D. and G. C. White 1976. The effect of the herbicide strip system of management on root growth of young apple trees and the soil zones from which they take up mineral nutrients. Rpt. E. Malling Res. Sta. for 1975.

Atkinson, D., G. C. White, E. R. Mercer, M. G. Johnson and D. Mattam. 1977. The distribution of roots and the uptake of nitrogen by established apple trees grown in grass with herbicide strips. Rpt. E. Mailing Res Sta. for 1976. p. 183-185.

Atkinson, D. 1980. The distribution and effectiveness of the roots of tree crops. Horticulture Review. 2: 424–490.

Crassweller, R. M. and D. E. Smith. 2009. Competitive Apple Orchard Training and Pruning Systems. Penn State University.

Craig, B. 2012. Bulding better Trellis systems for Nova Scotia orchards. J. Amer. Soc. Hort. Sci. 121: 886-893.

Harbut, R. 2012. High Density Apple Production. University of Wisconsin Extention. harbut@wisc.edu / 608-262-6452

Hoying, S. A. 2012. Experiences with Support Systems for the Tall Spindle Apple Planting System. New York Fruit Quarterly Volume 20. Number 4.

小池洋男・塚原一幸．1993．わい性台木を中間台木に用いたリンゴ'ふじ'の根群分布と生育．園学雑．62(1): 49-54.

小池洋男．1993．リンゴわい性台木樹の生育特性と生産構造に関する研究．長野果試報．4: 1-120.

Middleton, S., A. McWaters., P. James., P. Jotic., J. Sutton. and J. Campbell. 2002. The productivity and performance of apple orchard systems in Australia. Compact Fruit Tree 35 (2): 43-47.

Robinson, T. L. and S. A. Hoying. 2003. Support systems. An investment that pays large dividends. Compact Fruit Tree Volume 36 Special issue 36:25-29.

Robinson, T. L. 2005. Should New York Apple Growers Move Up to Higher Tree Densities ? (Part 1). New York Fruit Quarterly. Volume 13 Number 1.

Robinson, T. L., S. A. Hoying and G. L. Reginato 2006. The Tall Spindle apple planting system. New York Fruit Quarterly, New York, v.14, n. 2 p. 21-28.

Robinson, T. L. 2011. Advances in apple culture worldwide 1. Department of Horticulture New York State Agricultural Experiment Station Cornell University 630.W. North Street Geneva, NY 14456 USA.

玉井　浩・小野　剛・小池洋男・茂原　泉．2002．密植栽培におけるM.9Nagano台木樹'ふじ'とM.9Nagano/マルバカイドウ中間台木樹'ふじ'の生育と果実品質の比較．園学雑．71 (5): 670-674.

玉井　浩・小野　剛・小池洋男・茂原　泉・飯島章彦．2002．リンゴ台木M．9の4系統の形態的特性とM.9Naganoの取り木繁殖．園学研．1 (4): 241-244.

玉井　浩・小野　剛・小池洋男・茂原　泉．2002．密植栽培におけるM.9Nagano台木樹'ふじ'とM.9Nagano/マルバカイドウ中間台木樹'ふじ'の生育と果実品質の比較．園学雑．71 (5): 670-674.

Tamai, H., H. Koike., T. Ono and I. Shigehara. 2003. Performance of Rakuraku Fuji on JM.7 and M.9Nagano rootstocks and M.9Nagano/Marubakaido interstem combination in Japan. J. Amer. Pomol. Soc. 57: 157-160.

Tukey, H. B. 1964. Dwarfed Fruit Trees. Collier Macmillan Ltd, New York.

Webster, T. 1993. The status of apple rootstock development at East Malling. Compact News. 2:3-6

Wertheim, S. J. 1998, Rootstock guide: apple, pear, cherry, European plum. Netherlands: Fruit Research Station, 1998. 144p.

## ●第5章　台木(M9)繁殖の実際

Bassuka, N and B. Maynerd. 1987. Stock plant etiolation. HortScience, Vol. 22 (5): 749-745.

Harrison, M. R. S. 1981. Etiolation of stock plants for the improved rooting of cuttings: 1. Oppoertunities suggested by work with apple. Proc.Inter.Plant Prop. Soc. 31: 386-392.

Howard, B. H. 1979. Etiolation of leafy summer cuttings. Rep. E. Malling. Res. Stn. for 1979 (1980). pp. 70-71.

玉井　浩・小野　剛・小池洋男・茂原　泉・飯島章彦. 2002. リンゴ台木M.9の4系統の形態的特性とM.9Naganoの取り木繁殖. 園学研.1 (4): 241-244.

Wertheim, S. J. 1997. Useful differences in growth vigor between sub-clones of the apple rootstock M9. Acta Hort. 451:121-128.

Wertheim, S. J. 1998. Apple rootstocks. In: S. J. Wertheim (ed.), Rootstock Guide. Fruit Research Station, Wilhelminadorp. pp. 19–60.

## ●第6章 高密植栽培の苗木生産

Hansen. M. 2015. Choosing type of tree. www.goodfruit.com/choosing-type-of-tree

Harbut. R. 2013. High Density Apple Production Production. University of Winsconsin Extention. harbut@wisc.edu / 608-262-6452

Miranda Sazo, M. and T. L. Robinson. 2011. The Use of Plant Growth Regulators for Branching of Nursery Trees in NY State. The New York Fruit Quarterly 19(2): 5-9

Robinson. T. L. 2011. Advances in apple culture worldwide 1. Department of Horticulture New York State Agricultural Experiment Station Cornell University 630,W. North Street Geneva, NY 14456 USA

## ●第7章　苗木の堀り上げ、定植管理

Abusrewil, G. S. and F. E. Larsen. 1981. Tree fruit nursery stock defoliation carbohydrate levels pre- and post storage and shoot length of 'Delicious' apple hand-stripped or treated with 'Dupont WK Surfactant' and ethephon. Acta Hortic. 120:83–88.

Atkinson, D., G. C. White., E. R. Mercer., M. G. Johnson and D. Mattam. 1977. The distribution of roots and the uptake of nitrogen by established apple trees grown in grass with herbicide strips. Rpt. E. Mailing Res Sta. for 1976. p. 183-185.

Atkinson. D. 1980. The distribution and effectiveness of the roots of tree crops. Horticulture Review 2: 424–490.

C&O Nursery Tech Notes. www.c-onursery.com/technotes.htm

Cheng, L. and L. H. Fuchigami. 2002. Growth of young apple trees in relation to reserve nitrogen and carbohydrates. Tree Physiology, Oxford, v.22, d. 1297-1303.

Cheng, L. 2010. When and How Much Nitrogen Should Be Applied in Apple Orchards ? New York Fruit Quarterly. Volume 18. Number 4.

Cummins, J. N. and H. S. Aldwinckle. 1995. Breeding rootstocks for tree fruit crops. New Zealand Journal of Crop and Horticultural Science. 23:4, 395-402

Koike, H. and K. Tsukahara. 1987. The performance of Japanese apple varieties on experimental rootstock and interstocks. Compact Fruit Tree. 20:124-138.

Lawyer Nursery. Bare root Nursery Stock Handling Guide. https://www/lawernursery,com/barerootnursery-stock-handlingguide. asp

Lespinasse, J. M. 1977. La conduite du pommier: I. types de fructification. Incidence sur la conduite de l'arbre. Paris: INVUFLEC, 1977. 80p.

Lespinasse J. M. 1996. Apple orchard management practices in France: From the Vertical Axis to the SolAxe. Compact Fruit Tree, Tasmania, v.29, 83-88.

Maloney, K. E., W. F. Wilcox and J. C. Sanford. 1993. Raised beds and Metalaxyl for controlling Phytophthora root rot of raspberry. HortScience 28 (11): 1106-1108.

Obreza, T. A. 1989. Water table behavior under multi-row citrus beds. Proc., Fla. State, Hort. Soc. 101: 53-5.

太田保男．1980．植物の生育とエチレン．東海科学選書．

Perry, R. L. 1984. Working with soil limitations for orchard crops. Proc. Ontario Hort. Conf., 1984, Ministry of Agric. and Food, Ontario, p. 164-171.

Perry. R. 2012. Training and Pruning Tall Spindle Apple Orchard System. ppt. slide show.

Robinson T. L., S. A. Hoying and G. L. Reginato. 2006. The Tall Spindle apple planting system. New York Fruit Quarterly, New York, v.14, n. 2. p.21-28.

Rom R. C. 1970. Burr-knot observations on clonal apple rootstocks in Arkansas. Fruit Varieties and Horticultural Digest. 24: 66–68.

Rom R. C. and S. A. Brown. 1979. Factors affecting burrknot formation on clonal Malus rootstocks. HortScience. 14: 231–232.

Tustin, D. S., C. J. Stanley and H. M. Adams. 1997. Physiological and phenological responses of apple trees to artificial reduction of the growth period from harvest to leaf fall. Acta Hortic. 451: 383–392.

## ●第8章　高密植栽培の着果管理──定植翌年から収穫する

Forshey, C. G and D. A. Elfving. 1989. The relationship between vegetative growth and fruiting in apples. Hort. Rev. 11:229-287.

Koike, H., K. Tsukahara and Y. Kobayashi. 1988. Influence of planting depth on growth, yield and fruit quality of M.26 interstem Fuji apple trees. J. Japan. Soc. Hort. Sci. 57(3):360-365.

小池洋男・塚原一幸・吉沢しおり．1990．リンゴわい性台木樹の適正着果量と乾物生産の分配．園学雑．58 (4): 827-834.

Koike, H., H. Tamai., T. Ono and I. Shigehara. 2003. Influence of the time of thinning on yield, fruit quality and return flowering of Fuji apples. J. Amer. Pomol. Soc. 57: 169-173.

Luckwill, L. C. 1970. The control of growth and fruitfulness of apple trees. In: Luckwill, L. C, Cutting CV, editors. Physiology of tree crops. London: Academic Press; pp. 237–254.

Osterreicher, J. 2004. Achieving a balance of growth and cropping: Practical considerations of how to obtain a calm tree. Compact Fruit Tree, Tasmania. v. 37. p.19-20.

Robinson, T. L. 2008. Crop Load Management of New High-Density Apple Orchards. New York Fruit Quarterly. Volume 16. Number 2. Summer 2008.

Thomann, M. and J. Christanell. 2012. Modern Apple Growing In South Tyrol. Beratungsring Group South Tyrol. November 09. Future Orchard 2012 Walk. Apple and Pear Australia. Ltd.

Werth, K. 2003. The Latest Apple Production Techniques in South Tyrol, Italy. The Compac Fruit Tree. 36, Number 2.

Yicheng. T., P. Hirst, R. Coolbaugh and R. Pharis. 2000. Endogenous Gibberellins in Developing Apple

Seeds in Relation to Biennial Bearing. HortScience vol. 35. no. 3. 487.

Yoon, T. M and M. J. Kim. 2008. 10 Years Experience of High Density Apple Growing with Rootstock M.9 in Korea. Korean Journal of Horticultural Science & Technology. hyperlink http://www.riss.kr/link?id=A76313732

## ●第9章　目指す樹形と整枝せん定技術

Ferree, D. C. and W. Timothy Rhodus. 1993. Apple Tree Performance with Mechanical Hedging or Root Pruning in Intensive Orchards. J. Amer. Soc. Hort. Sci. 118 (6): 707-713. 1993.

Forshey, C. G. 1994. Training and Pruning Apple Trees. Cornell Cooperation Extension Publication / Info Bulletin #112.

Lespinasse, J. M. 1980. Fruiting habits of apple and how they influence tree forms. (translation by R. L. Stebbins). Fruit Belge. 391-393.

Myers, S. C., D. C. Ferree. (1983). Influence of time of summer pruning and limb orientation on yield, fruit size and quality of vigorous "Delicious" apple trees. J. Am. Soc. Hort. Sci. 108:630-633.

Perry, R. 1996. Pruning Concepts - Department of Horticulture - Michigan. hyperlink "www.hrt.m"www.hrt.msu.edu/.../Pruning-Concepts-MAC-09. pdf

Marini, R. 2001. Physiology of Pruning Fruit Trees. Virginia Cooperative Extension Publication 422-025.

Robinson T. L., S. A. Hoying and G. L. Reginato. 2006. The Tall Spindle apple planting system. New York Fruit Quarterly, New York. v.14. n. 2. p.21-28.

Robinson, T. L. 2008. UMass video fruit advisor: 4 rules for pruning tall- spindle apples. http://www.youtube.com/watch?v=ZqZPQV9l9jA

Robinson, T. L. 2013. The Effect of Summer Hedging of Tall Spindle Apple Trees on Growth, Fruit Quality, and Flowering. Conference Paper July 2013.

Werth, K. 2003. The Latest Apple Production Techniques in South Tyrol, Italy. The Compact Fruit Tree. 36. Number 2.

## ●第10章　高密植栽培園の施肥法

Cheng, L and L. Fuchigami. 2002. Growth of young apple trees in relation to reserve nitrogen and carbohydrates. Tree Physiology 22. 1297–1303.

Cheng, L. and L. G. H. Nielsen. 2002. Efficient use of nitrogen and water in high-density apple orchards. Horttechnology January-March 2002. 12(1). 19-25.

Cheng, L. and Jim Schupp. 2004. Nitrogen Fertilization of Apple Orchards. New York Fruit Quarterly. Volume 12. Number 1

Cheng, L. 2010. When and how much nitrogen should be applied in apple orchards? New York Fruit Quarterly. Volume 18. Number 4.

Cheng, L. 2012. Nutrient management for dwarfing rootstocks. Ppt fruit-apple-nutrition-cheng-cornell-2014-eng

Dong. S., L. Cheng., C. F. Scagel and L. H. Fuchigami. 2004. Method of nitrogen application in summer affects plant growth and nitrogen uptake in Autumn in young fuji/M.26 apple trees. J. Hort. Sci. Biotech. 80:116-120.

Neilsen. D., P. Millard., G. H. Neilsen and E. J. Hogue. 1997. Sources of N for leaf growth in a high-density apple (*Malus domestica*) orchard irrigated with ammonium nitrate solution. Tree Physiol. 17:733-739.

Neilsen., D., P. Millard., G. H. Neilsen and E. J. Hogue. 2001. Nitrogen Uptake, Efficiency of use, and partitioning for growth in young Apple Trees. J. Amer. Soc. Hort. Sci. 126 (1): 144–150.

Neilsen, D. and G. H. Neilsen. 2002. Efficient use of nitrogen and water in high-density apple orchards. HortTechnology. 12 (1): 19-25.

Neilsen et al., 2006. Before full bloom leaf growth (spur leaves) supported by remobilized. N. Acta Hort. 721.

Tagliavini, M. 2002. Major nutritional issues in deciduous fruit orchards of northern Italy. HortTechnology. January-March 2002. vol.12 no.1. 26-31

Yoon, T. M. and M-J Kim. 2008. 10 Years Experience of High Density Apple Growing with Rootstock M.9 in Korea. Korean Journal of Horticultural Science & Technology. http://www.riss.kr/link?id=A76313732

## ●第11章 凍害対策ほか障害対策

Cummins, J. N. and H. S. Aldwinckle. 1983. Breeding Apple Ropotstocks. in Plant Breeding Reviews. J. Janick (ed).

堀 大才，2012．樹木の水分吸収機能と保水力．樹の生命．会報．2012年．第10号．NPO法人樹の生命を守る会(緑の技術集団)

Perry, R, 2014. Snow loads and developing apple trees for tall spindle system in Michigan. http://www.msue.msu.edu/

斉藤 満．樹木の耐凍性とその調べ方．www.hro.or.jp/list/forest/research/fri/kanko/kiho/pdf/kiho23-1.pdf

酒井 昭．1967．幼木の幹の基部における凍害．Low temperature science. Ser. B, Biological science, 25: 45-57. Issue Date 1967-12-25. http://hdl.handle.net/2115/17719.

Schrader, L., J. Zhang and J. Sun. 2003. Proc. XXVI IHC –Environmental Stress Eds. K. K. Tanino et al. Acta Hort. 618, ISHS.

## 小池　洋男（こいけ　ひろお）

　1943年生まれ、東京農工大学農学部卒業。元長野県果樹試験場長、元東京農工大学非常勤講師、NHK趣味の園芸講師、JA全農長野技術顧問。農学博士。

　長野県果樹試験場でリンゴの密植栽培とブルーベリー栽培の研究に長年携わる。園芸学会賞功績賞、IDFTA（国際わい性果樹協会）研究者賞など受賞。主な著書に『だれでもできる　果樹の接ぎ木・さし木・とり木』『ブルーベリーの作業便利帳』『そだててあそぼう　リンゴの絵本』(以上農文協、共著)、『図解　リンゴのわい化栽培—実技と対策』(誠文堂新光社)など。

---

リンゴの高密植栽培
イタリア・南チロルの多収技術と実際

---

2017年3月15日　第1刷発行
2024年5月20日　第2刷発行

著者　小池　洋男

---

発行所　一般社団法人　農山漁村文化協会
　　　　〒335-0022　埼玉県戸田市上戸田2-2-2
電話　048(233)9351(営業)　048(233)9355(編集)
FAX　048(299)2812　　　振替　00120-3-144478
URL　https://www.ruralnet.or.jp/

---

ISBN978-4-540-15119-4　DTP製作／(株)農文協プロダクション
〈検印廃止〉　　　　　　印刷・製本／TOPPAN(株)
©小池洋男　2017
　Printed in Japan　　　　　　　　　定価はカバーに表示
乱丁・落丁本はお取り替えいたします。

◎農文協の果樹の本

## 最新農業技術　果樹　vol.6
リンゴ高密植、カキわい化、ウメ・ナシの摘心整枝、クリ"ぽろたん"ほか

農文協編　5,714円＋税

リンゴ新密植栽培の可能性、実用化段階！カキのわい化栽培、摘心による枝梢管理で、省力・安定生産のウメ・ナシ、注目のクリ'ぽろたん'などを特集。その他、ポスト'ヘイワード'のキウイ品種、地球温暖化対策など。

## 図解　リンゴの整枝せん定と栽培

塩崎雄之輔著　1,900円＋税

どのように鋏を入れ、ノコを使えばいいか、せん定の極意を体感的に伝授するほか、リンゴの年間管理も季節ごとに解説。世代交代した後継者が、技術、経営で独り立ちしていくための手引き書。イラストも豊富。

## リンゴの作業便利帳
高品質多収のポイント80

三上敏弘著　1,800円＋税

せん定から収穫、品種更新まで、それぞれの作業によくある失敗、思いちがい。その失敗の原因をリンゴの生理、性質から解きほぐし、具体的に改善法と作業の秘訣を紹介。新しい段階のわい化栽培の作りこなしも詳述。

## 果樹　高品質多収の樹形とせん定
光合成を高める枝づくり・葉づくり

高橋国昭著　2,400円＋税

ビックリするような収量と品質をあげるには、光合成生産（物質生産）の量を増やし、それをいかに多く果実に分配するかが勝負。それをベースに高品質多収栽培の理論を確立し、生育目標、樹形とせん定、栽培法を解説。

農学基礎セミナー
## 新版　果樹栽培の基礎

杉浦明編著　1,900円＋税

主要果樹から特産果樹30種を紹介。来歴と適地、品種の選び方、生育と栽培管理、整枝・せん定、土壌管理と施肥、病害虫・生理障害など、栽培の基礎をわかりやすく解説。農業高校教科書を一般向けに再編した入門書。

◎農文協の果樹の本

農学基礎シリーズ
# 果樹園芸学の基礎

伴野潔・山田寿・平智著　4,000円＋税

毎年、品質のよい果実を多収することを目標に、果樹の生育と生理現象、生理・生態と栽培技術との相互の関係などが基礎的に学べる入門書。大学や短大、農業大学校のテキスト、農家や指導者の参考書としても最適。

# 〈大判〉図解　最新果樹のせん定
―成らせながら樹形をつくる

農文協編　2,100円＋税

どこをどう切れば花芽がつくのか。毎年きちんと成らせるには、どんな枝の配置をすればよいのか。実際の樹を前に悩む疑問に応え、だれでもわかるせん定のコツを15種の果樹別に解説。活字も図も写真も見やすい大型本。

だれでもできる
# 果樹の接ぎ木・さし木・とり木―上手な苗木のつくり方

小池洋男編著／玉井浩ほか著　1,500円＋税

苗木として仕立て上げる、あるいは高接ぎ枝が結果するまでのケアこそが、肝心カナメ。切り方、接ぎ方、さし方の実際から、本当に大事な接いだあとの管理まで豊富な図と写真で紹介。初心者からベテランまで役立つ。

だれでもできる
# 果樹の病害虫防除　―ラクして減農薬

田代暢哉著　1,600円＋税

果樹防除のコツは散布回数よりタイミングと量が大事。とくに生育初期はたっぷりかける！など、本当の減農薬を実現させるための"根拠"に基づく農薬知識、科学的防除法を解説。たしかな「防除力」を身につける。

# 原色　果樹の病害虫診断事典

農文協編　14,000円＋税

17種226病害、309害虫について約1900枚、260頁余のカラー写真で圃場そのままの病徴や被害を再現。病害虫の専門家92名が病害虫ごとに、被害と診断、生態、発生条件と対策の要点を解説。新しくなった増補大改訂版。

（価格は改定になることがあります）

◎農文協の果樹の本

小祝政明の実践講座
# 有機栽培の果樹・茶つくり―高品質安定生産の実際

小祝政明著　2,200円＋税
果樹の"枝"は作物の"タネ"という理解の元に、有機のチッソ（アミノ酸肥料）とミネラル肥効による高品質連産の実現を導く。礼肥（秋肥）から始める有機施肥の実際を、果樹16種ごとと、チャ栽培についてまとめる。

# 図解　ナシをつくりこなす
―品種に合わせて早期成園化

田村文男・吉田亮・池田隆政著　1,900円＋税
いま日本のナシ品種は優良品種が続々と登場してきて、品種更新時代を迎えている。豊富な図解で、新品種の特性を的確につかんで早期に確実に成園にしていく方法が理解できる。

# イチジクの作業便利帳

真野隆司編著　2,200円＋税
健康果実として人気のイチジク。しかし、意外と多い品質不良、収量の伸び悩み。なぜそうなのか？どうすればよいのか？こわい凍害や株枯病対策、水やりのテクニックなど栽培のコツ、作業改善のポイントを手ほどき。

# 大玉・高糖度のサクランボつくり
―摘果・葉摘み不要の一本棒三年枝栽培

黒田実著　2,200円＋税
摘果や葉摘みいっさいなしで鮮紅色の大玉が揃う。しかも低樹高で、肥料や農薬も少なくてすむ"目からウロコ"の技術。カナメは結果枝の三年枝更新と一本棒化。だれでもやれるシンプルなせん定を写真と図で解説。

# ブルーベリーの作業便利帳
種類・品種選びとよく成る株のつくり方

石川駿二・小池洋男著　1,800円＋税
よく成る樹づくりの勘どころを、北部、南部、半樹高の各ハイブッシュ、そしてラビットアイの種類別特性を踏まえて明らかに。人気の健康果樹を本格的につくりこなすコツを、実際管理の改善点を探りながら詳説する。

（価格は改定になることがあります）